Programando e Operando Torno CNC com Comando SIEMENS

Claudemir Trevisan

Programando e Operando Torno CNC com Comando SIEMENS

2ª edição

São Paulo
2023

Dados Internacionais de Catalogação na Publicação (CIP)
Ficha Catalográfica feita pelo autor

C615 Trevisan, Claudemir
Programando e Operando Torno CNC com comando SIEMENS / Claudemir Trevisan – 2ª ed. – São Paulo: 2023.

ISBN: 978-65-00-83043-9

1. Educação profissional 2. Máquinas-ferramenta – Comando Numérico – Programação 3. Tornearia

I. Título

CDD-620

O autor acredita que todas as informações aqui apresentadas estão corretas e podem ser utilizadas para qualquer fim legal. Entretanto, não existe qualquer garantia, explícita ou implícita, de que o uso de tal informações conduzirá sempre ao resultado desejado. Os nomes de sites e empresas, porventura mencionados, foram utilizados apenas para ilustrar os exemplos, não tendo vínculo nenhum com o livro, não garantindo a sua existência nem divulgação.

Claudemir Trevisan
clau.trevisan13@gmail.com

Sobre o Autor

O Prof. Dr. Claudemir Trevisan possui graduação em Engenharia Mecânica pela Escola de Engenharia de Piracicaba, Pós-Graduação em Pedagogia pela UNIMEP CTPA 5.65 - Santa Bárbara D´Oeste, Pós Graduação em Administração de Empresas pela EEP Piracicaba, Mestrado em Agronomia pela USP (ESALQ – Piracicaba) e Doutorado em Engenharia de Produção pela Universidade Metodista de Piracicaba. Atualmente lecionando no **IFSP - Instituto Federal de São Paulo**, Campus Piracicaba, como professor titular no Curso de Engenharia Mecânica, nas disciplinas de Usinagem Convencional e CNC, Manufatura Assistida por Computador e Desenho Assistido por Computador.

Dedicatória

A minha esposa Maria Odete e a minha filha Gisele que sempre estiveram ao meu lado em todos os momentos da minha vida. Deus as abençoe.

Agradecimentos

As Indústrias ROMI por ceder os desenhos para elaboração do livro.

Ao Grupo BENER por ceder as imagens do Torno CNC.

Sumário

Capítulo 1

Introdução

No desenvolvimento histórico das Máquinas Ferramentas de usinagem, sempre se procurou soluções que permitissem aumentar a produtividade com qualidade superior associada a minimização dos desgastes físicos na operação das máquinas. Muitas soluções surgiram, mas até recentemente, nenhuma oferecia flexibilidade necessária para o uso de uma mesma máquina na usinagem de peças com diferentes configurações e em lotes reduzidos.

Um exemplo desta situação é o caso do torno. A evolução do torno universal levou à criação do torno revólver, do torno copiador e torno automático, com programação elétrica ou mecânica, com emprego de "cames", etc. Em paralelo ao desenvolvimento da máquina, visando o aumento dos recursos produtivos, outros fatores colaboraram com sua evolução, que foi o desenvolvimento das ferramentas, desde as de aço rápido, metal duro às modernas ferramentas com insertos de cerâmica. As condições de corte impostas pelas novas ferramentas exigiram das máquinas novos conceitos de projetos, que permitissem a usinagem com rigidez e dentro destes, novos parâmetros. Então, com a chegada da informática, a descoberta e, consequente aplicação do Comando Numérico à Máquina Ferramenta de Usinagem, esta preencheu as lacunas existentes nos sistemas de trabalho com peças complexas, reunindo as características de várias destas máquinas.

Capítulo 2

Histórico

O homem sempre criou utensílios para facilitar sua vida. À medida que aumentava seu conhecimento em relação aos fenômenos da natureza, crescia também a complexidade desses utensílios, que evoluíram até se tornarem máquinas. Para tornear uma peça, por exemplo, partimos de dispositivos rudimentares, progredimos por meio de tornos mecânicos manuais, tornos acionados por motores elétricos, tornos automáticos com controle mecânico, tornos computadorizados e chegamos às chamadas células de torneamento, uma verdadeira mini fábrica de peças torneadas.

Todas as máquinas devem ter seu funcionamento mantido dentro de condições satisfatórias, de modo a atingir com êxito o objetivo desejado. Mas o homem percebeu que quando tinha que usinar várias peças iguais, o trabalho tornava-se monótono e cansativo. Repetir diversas vezes as mesmas operações, além de ser desestimulante, é perigoso, pois a concentração e atenção do operador da máquina diminuem ao longo do dia. Que bom seria se o torno pudesse funcionar sozinho! Bastaria ao operador supervisionar o trabalho, corrigindo algum imprevisto surgido durante o processo. Assim, o controle manual, exercido pelo homem, foi substituído pelo controle mecânico. Esse controle era realizado por meio de um conjunto de peças mecânicas, constituído principalmente de cames. Todos esses componentes mecânicos tinham a função de transformar a rotação de um motor elétrico numa sequência de movimentos realizados pela ferramenta.

A introdução do CNC na indústria mudou radicalmente os processos industriais. Curvas são facilmente cortadas, complexas estruturas com 3 dimensões tornam-se relativamente fáceis de produzir e o número de passos no processo com intervenção de operadores humanos é drasticamente reduzido. O CNC reduziu também o número de erros humanos (o que aumenta a qualidade dos produtos e diminui o retrabalho e o desperdício), agilizou as linhas de montagens e tornou-as mais flexíveis, pois a mesma linha de montagens pode agora ser adaptada para produzir outro produto num tempo muito mais curto do que com os processos tradicionais de produção. Acompanhando o desenvolvimento tecnológico da informática e a tendência por uma interatividade cada vez maior com o usuário, o código e linguagem de máquina também evoluiu.

No conceito "Comando Numérico", devemos entender "numérico", como significando por meio ou através de números. Este conceito surgiu e tomou corpo, inicialmente na década de 40, nos Estados Unidos da América e, mais precisamente, no (MIT) Massachussetts Institute of Technology, quando sob a tutela da Parsons Corporation e da Força Aérea dos Estados Unidos, desenvolveu-se um projeto específico que tratava do "desenvolvimento de um sistema aplicável às máquinas-ferramenta para controlar a posição de seus fusos, de acordo com os dados fornecidos por um computador", ideia, contudo, basicamente simples.

Entre 1955 e 1957, a Força Aérea Norte-Americana utilizou em suas oficinas máquinas C.N., cujas ideias foram apresentadas pela "Parsons Corporation". Nesta mesma época, várias empresas pesquisavam, isoladamente, o C.N. e sua aplicação. O M.I.T. também participou das pesquisas e apresentou um comando com entrada de dados através de fita magnética. A aplicação ainda não era significativa, pois faltava confiança, os custos eram altos e a experiência muito pequena. Da década de 60, foram desenvolvidos novos sistemas, máquinas foram especialmente projetadas para receberem o C.N., e aumentou muita a aplicação no campo da metalurgia. Este desenvolvimento chega a nossos dias satisfazendo os quesitos de confiança, experiência e viabilidade econômica.

A história não termina, mas abre-se nova perspectiva de desenvolvimento, que deixam de envolver somente máquinas operatrizes de usinagem, entrando em novas áreas. O desenvolvimento da eletrônica aliado ao grande progresso da tecnologia mecânica garante estas perspectivas do crescimento.

Capítulo 3

O Comando Numérico

A palavra CNC significa Computer Numeric Control ou em português Controle Numérico Computadorizado. É um controlador numérico que permite o controle de máquinas e o controle simultâneo de vários eixos, através de uma lista de movimentos escritos num código específico (código G). Na década de 40 foi desenvolvido o NC (Controle Numérico) que evoluiu posteriormente para CNC. A utilização de CNC's, permite a produção de peças complexas com grande precisão, especialmente quando associado a programas de CAD/CAM.

A introdução do CNC na indústria mudou radicalmente os processos industriais. Curvas são facilmente cortadas, complexas estruturas com 3 dimensões tornam-se relativamente fáceis de produzir e o número de passos no processo com intervenção de operadores humanos, é drasticamente reduzido. O CNC reduziu também o número de erros humanos (o que aumenta a qualidade dos produtos e diminui o retrabalho e o desperdício), agilizou as linhas de montagens e tornou-as mais flexíveis, pois a mesma linha de montagem, pode agora ser adaptada para produzir um outro produto num tempo muito mais curto do que com os processos tradicionais de produção. Acompanhando o desenvolvimento tecnológico da informática e a tendência por uma interatividade cada vez maior com o usuário, o código e linguagem de máquina também evoluíram.

Do ponto de vista do hardware, pode-se dizer que o Comando Numérico é um equipamento eletrônico capaz de receber informações através de entrada própria de dados, compilar estas informações e transmiti-las em forma de comando à máquina ferramenta de modo que esta, sem a intervenção do operador, realize as operações na sequência programada.

Para entendermos o princípio básico de funcionamento de uma máquina-ferramenta a Comando Numérico, devemos dividi-la, genericamente, em duas partes:

3.1- Comando Numérico

O C.N. é composto de uma unidade de assimilação de informações, recebidas através da leitora de fitas, entrada manual de dados, micro e outros menos usuais. Uma unidade calculadora, onde as informações recebidas são processadas e retransmitidas às unidades motoras da máquina-ferramenta. O circuito que integra a máquina-ferramenta ao C.N. é denominado de interface, o qual será programado de acordo com as características mecânicas da máquina.

3.2 - Máquina-Ferramenta

O projeto da máquina-ferramenta deverá objetivar os recursos operacionais oferecidos pelo C.N. Quanto mais recursos oferecer, maior a versatilidade.

O Comando Numérico pode ser utilizado em qualquer tipo de máquina-ferramenta. Sua aplicação tem sido maior nas máquinas de diferentes operações de usinagem, como Tornos, Fresadoras, Furadeiras, Mandriladoras e Centros de Usinagem.

Basicamente, sua aplicação deve ser efetuada em empresas que utilizem as máquinas na usinagem de séries médias e repetitivas ou em ferramentarias, que usinam peças complexas em lotes pequenos ou unitários.

A compra de uma máquina-ferramenta não poderá basear-se somente na demonstração de economia comparado com o sistema convencional, pois, o seu custo inicial ficará em segundo plano, quando analisarmos os seguintes critérios na aplicação de máquinas a C.N.

3.3 - Vantagens do Comando Numérico

As principais vantagens são:

a) Maior versatilidade do processo;
b) Interpolações lineares e circulares;
c) Corte de roscas;
d) Sistema de posicionamento, controlado pelo C.N., de grande precisão;
e) Redução na gama utilizável de ferramentas;
f) Compactação do ciclo de usinagem;
g) Menor tempo de espera;
h) Menor movimento da peça;
i) Aumento da qualidade de serviço;
j) Facilidade na confecção de perfis simples e complexos, sem a utilização de modelos;
k) Repetibilidade dentro dos limites próprios da máquina;
l) Maior controle sobre desgaste das ferramentas;
m) Possibilidade de correção destes desgastes;
n) Maior controle de qualidade;
o) Seleção infinitesimal dos avanços;
p) Profundidade de corte perfeitamente controlável;
q) Redução do refugo;
r) Menor estoque de peças em razão da rapidez de fabricação;
s) Maior segurança do operador;
t) Redução na fadiga do operador;
u) Rápido intercâmbio de informações entre os setores de Planejamento e Produção;
v) Troca rápida de ferramentas;

Capítulo 4

Sistema de Coordenadas

O comando da máquina faz a geometria da peça através de um sistema de coordenadas cartesianas.

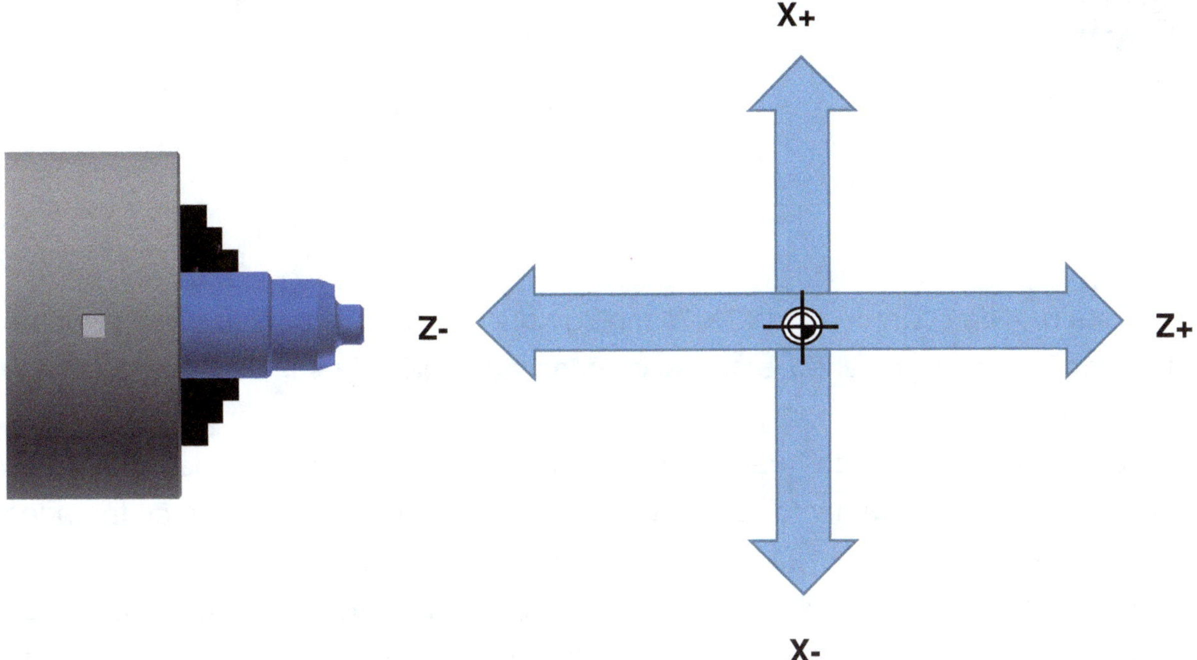

O movimento X - Define os diâmetros.

O movimento Z - Define os comprimentos.

Observação:

- No caso de máquinas com torre dianteira, os quadrantes do sistema universal de coordenadas são adaptados conforma a próxima figura:

O sentido de movimento da ponta da ferramenta é determinado pelos sinais (+ ou –).

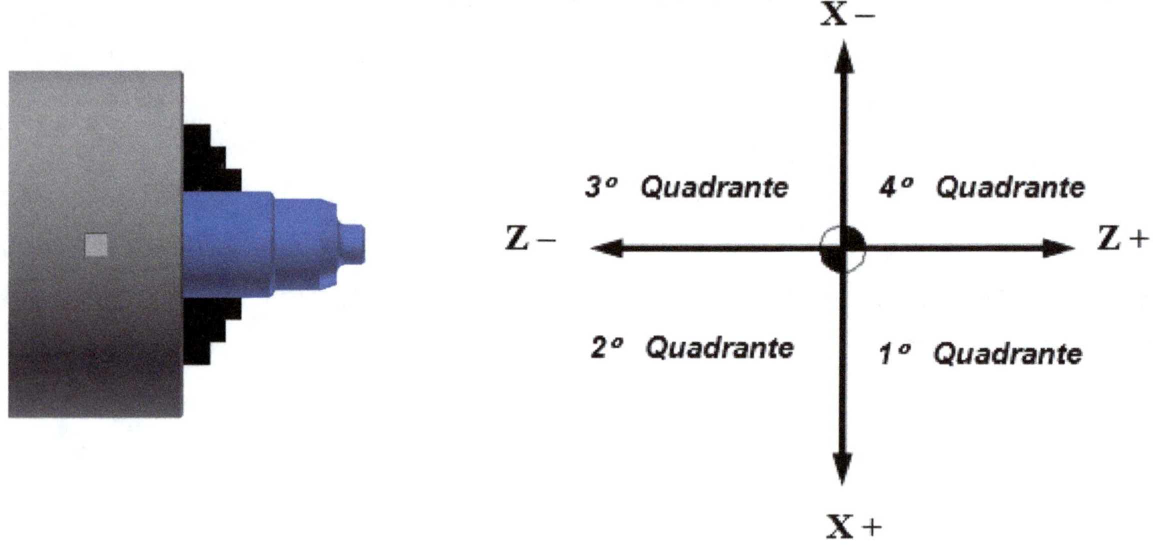

O sistema de coordenadas é definido por linhas retas que se cruzam perpendicularmente determinando em sua intersecção uma origem, ou seja, o "Ponto Zero".

Obedecendo a regra da mão direita, e uma origem determinada, tais retas representam os eixos de movimento da máquina (X,Y,Z), através dos quais serão tomadas as medidas dimensionais das peças utilizadas para a programação.

No torno para a programação CNC, o sistema de coordenadas utilizado compõe-se de dois eixos (X e Z), cujo ponto de intersecção corresponde à origem, ou seja, ao ponto zero do sistema, e toma como referência a linha de centro do eixo árvore da máquina, onde todo movimento transversal a ele corresponde ao eixo de coordenadas X (diâmetro), e todo movimento longitudinal corresponde ao eixo Z (comprimento).

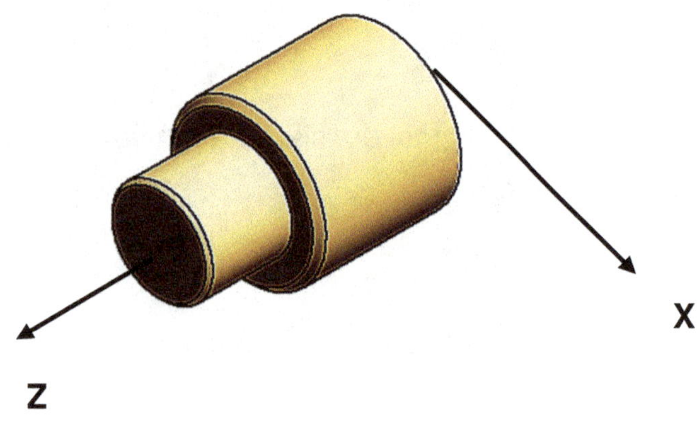

4.1 - Sistema de Coordenada Absoluta

Neste sistema, na origem pré-estabelecida como sendo X0, Z0, o ponto X0 é definida pela linha de centro do eixo árvore, e Z0 é definida por qualquer linha perpendicular à linha de centro do eixo árvore.

Este processo é denominado "ZERO FLUTUANTE", ou seja, pode-se flutuar em relação ao eixo Z, porém, uma vez definida a origem ela se torna uma Origem Fixa, ou seja, não muda mais.

Durante a programação, normalmente a origem (X0,Z0) é pré-estabelecida no fundo da peça (encosto da castanha) fig. 1, ou na face da mesma fig. 2, conforme figura abaixo:

Origem (X0,Z0)

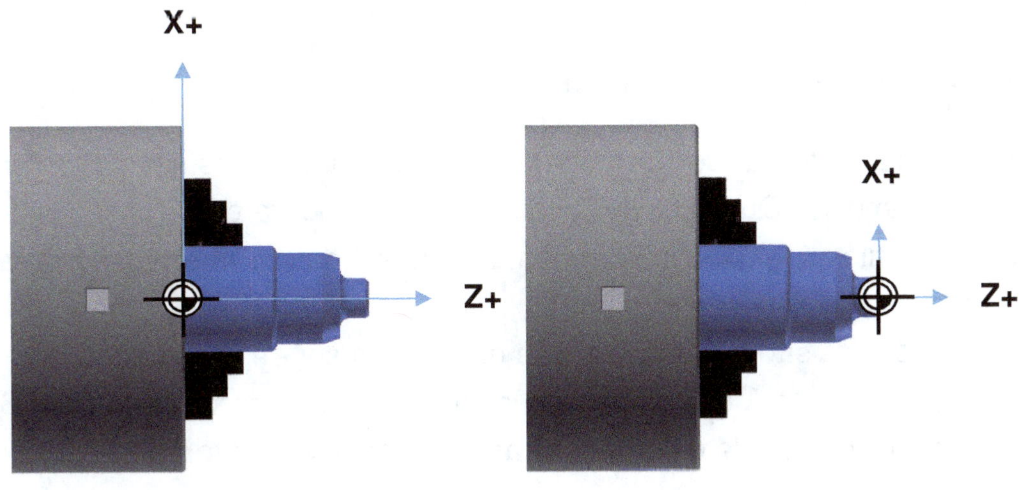

Fig.1 Fig.2

Exemplo:

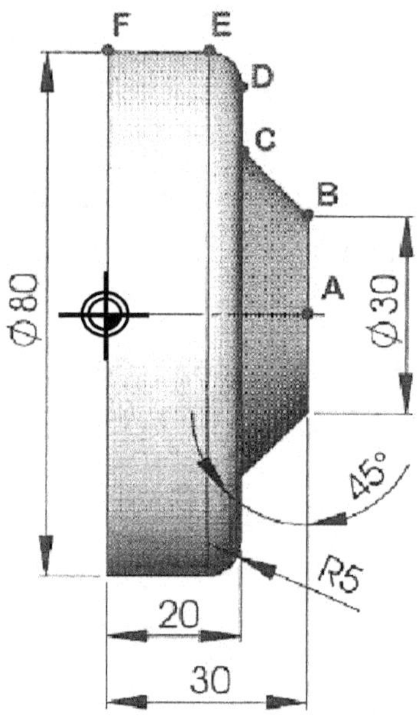

MOVIMENTO	COORDENADAS	
Em A	X0	Z30
De A para B	X30	Z30
De B para C	X50	Z20
De C para D	X70	Z20
De D para E	X80	Z15
De E para F	X80	Z0

4.2 - Sistema de Coordenada Incremental

A origem no sistema de Coordenada Incremental é estabelecida em cada movimento da ferramenta. Qualquer deslocamento efetuado irá gerar uma nova origem, ou seja, qualquer ponto atingido pela ferramenta, a origem das coordenadas passará a ser o ponto alcançado.

Todas as medidas são feitas através da distância a ser deslocada.

Note-se que o ponto A é a origem do deslocamento para o ponto B, e B será a origem para o deslocamento até o ponto C, e assim sucessivamente.

Exemplo:

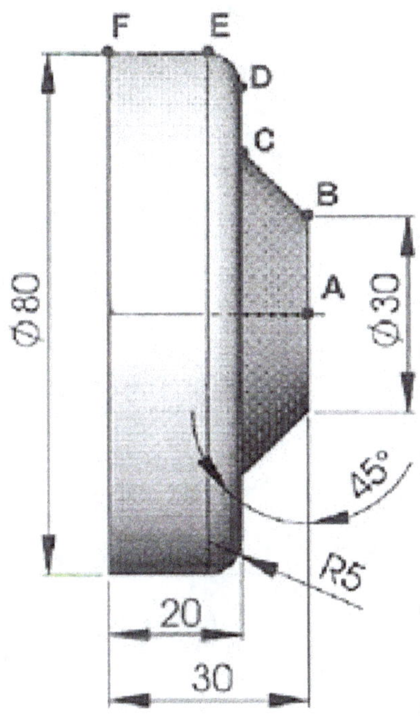

MOVIMENTO	COORDENADAS	
Em A	X 0	Z 0
De A para B	X 30	Z 0
De B para C	X 20	Z -10
De C para D	X 20	Z 0
De D para E	X 10	Z -5
De E para F	X0	Z-15

4.3 - Pontos de Referência

Os movimentos das ferramentas na usinagem de uma peça, exigem do comando um domínio total da área de trabalho da máquina, e para que isso ocorra é necessário que ele reconheça alguns pontos básicos:

R - Ponto de Referência de máquina

M - Ponto Zero Máquina

W - Ponto Zero Peça

Pontos de Referência na Máquina

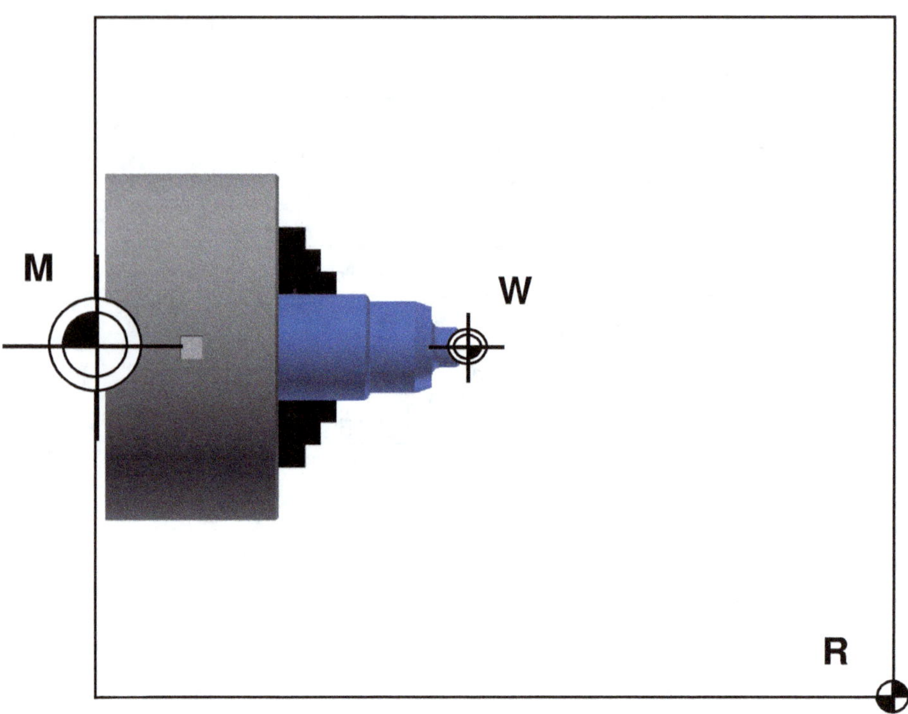

Ponto de Referência de Máquina R

O ponto de Referenciamento é uma coordenada definida na área de trabalho através de chaves limites e cames, que servem para a aferição e controle do sistema de medição dos eixos de movimento da máquina. Tal coordenada é determinada pelo fabricante da máquina.

Ponto Zero Máquina M

O ponto Zero da máquina é o ponto Zero para o sistema de coordenadas da máquina (X0, Z0), e também o ponto inicial para todos os demais sistemas de coordenadas e pontos de referência existentes. Geralmente é determinado após o referenciamento da máquina.

Ponto Zero Peça W

O ponto zero peça "W", é o ponto que define a origem (X0, Z0) do sistema de coordenadas da peça. Este ponto é definido no programa através de um código de função preparatória "G", e determinado na máquina pelo operador na preparação da mesma (Preset), levando em consideração apenas a medida de comprimento no eixo "Z", tomada em relação ao zero máquina.

4.4 - Códigos especiais

Neste tópico serão abordados os códigos N (numeração sequencial), Barra (inibe a execução de blocos), F (velocidade de avanço) e T (número da ferramenta).

4.4.1 - Código: N

Aplicação: Identificar blocos

A função N tem por finalidade a numeração sequencial dos blocos de programação e o seu uso é opcional, ou seja, sua programação é facultativa podendo ou não ser utilizada.

Exemplo: N10...
N20 ...
N30 ...
N40...

A sequência necessária para a introdução do comando N é a seguinte:

— Apertar a tecla "PROGRAM MANAGER".
— Utilizar o direcional (➡ ⬅ ⬆ ⬇) para posicionar o cursor no programa a ser numerado.
— Apertar a tecla "INPUT".
— Apertar a softkey [NUMERAR].

4.4.2 - Código: Barra (/)

Aplicação: Inibir a execução de blocos

Utilizamos a Função Barra (/) quando for necessário inibir a execução de blocos no programa, sem alterar a programação.

Se o caracter “/” for digitado na frente de alguns blocos, estes serão ignorados pelo comando, desde que o operador tenha selecionado a opção INIBIR BLOCOS. Caso essa opção não seja selecionada, o comando executará os blocos normalmente, inclusive os que tiverem o caracter "/".

Para selecionar a opção INIBIR BLOCOS devemos seguir as seguintes instruções:

— Apertar a tecla "POSITION".
— Apertar a tecla "AUTO".
— Apertar a softkey [CONTROLE PROGRAMA].
— Apertar a softkey [SUPRIMIR].

4.4.3 - Código: F

Aplicação: Determinar a velocidade de avanço

A velocidade de avanço é um dado importante para a usinagem e é obtido levando-se em conta o material, a ferramenta e a operação a ser executada. Geralmente nos tornos CNC define-se o avanço em mm/rotação (função G95), mas este também pode ser utilizado em mm/min (função G94).

4.4.4 - Código: T

Aplicação: seleção de ferramenta

A Função T é usada para selecionar a ferramenta, informando à máquina o seu zeramento (PRE-SET), o raio do inserto, o sentido de corte e os corretores.

O código "T" deve ser acompanhado de no máximo quatro dígitos em sua programação, sendo que os dois primeiros dígitos são pertinentes à posição da ferramenta na torre ou suporte (no caso de não haver o opcional para torre elétrica) e os dois últimos números são pertinentes ao corretor da ferramenta selecionada.
A sintaxe para a programação é a seguinte:

T_ _ _ _ - Número da ferramenta desejada (Ex.: T0101 ou T01D1)
Corretor de geometria/desgaste (Pode ser usado de 1 a 9 corretores por ferramenta)
Posição da ferramenta na torre

Exemplo: T0101/T01D1
T0201/T02D1
T0301/T03D1

Anotações:

Capítulo 5

Funções Preparatórias

5.1 - Observações preliminares

5.1.1 - Modo SIEMENS

No modo SIEMENS são consideradas as seguintes condições:

- O pré-ajuste dos comandos G pode ser definido para cada canal através do dado de máquina 20150 $MC_GCODE_RESET_VALUES.
- Em modo SIEMENS não é possível programar nenhum comando de linguagem dos dialetos ISO.

5.1.2 - Modo de linguagem ISO

No modo de linguagem ISO são consideradas as seguintes condições:

- O modo de linguagem ISO pode ser configurado como modo pré-definido através de dados de máquina. Como padrão, o comando numérico sempre será inicializado em modo de linguagem ISO.
- Somente poderão ser programadas funções G da linguagem ISO; a programação das funções G da SIEMENS não é possível em modo ISO.
- Não é possível fazer uma mescla das linguagens de linguagem ISO e SIEMENS no mesmo bloco NC.
- A comutação entre linguagem ISO M e linguagem ISO T com um comando G não é possível.
- É possível chamar as sub-rotinas que foram programadas para o modo SIEMENS.
- Se forem utilizadas funções SIEMENS, deve-se passar primeiro para o modo SIEMENS.

5.1.3 - Comutação entre os modos de operação

Para comutar entre o modo SIEMENS e o modo de linguagem ISO podem ser utilizadas as seguintes funções G:

- G290 - Linguagem de programação NC da SIEMENS ativa
- G291 - Linguagem de programação NC de linguagem ISO ativa
A ferramenta ativa, os corretores de ferramenta e os deslocamentos de ponto zero não serão afetados com a comutação.
O G290 e o G291 devem ser programados sozinhos em um bloco NC próprio.

As funções Preparatórias "G" formam um grupo de funções que definem à máquina o que fazer, preparando-a para executar um tipo de operação, ou para receber uma determinada informação.

5.2 - G0 - Interpolação linear com avanço rápido

A função G0 realiza movimentos nos eixos da máquina com a maior velocidade de avanço disponível, portanto, deve ser utilizada somente para posicionamentos sem nenhum tipo de usinagem.

A velocidade de avanço pode variar para cada modelo de máquina, e é determinada pelo fabricante da mesma.

Sintaxe da sentença: G0 X... Z... (M...)

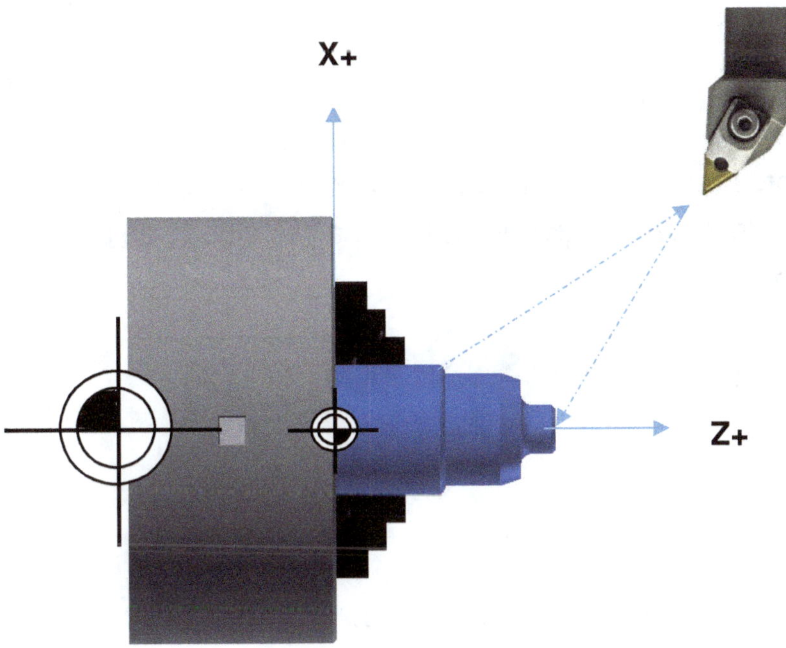

Onde:

X... - Definição de posicionamento final no eixo X (diâmetro)
Z... - Definição de posicionamento final no eixo Z (comprimento)
M... - Definição de Função Miscelânea (opcional)

Exemplo:

:
N10 G0 X95 Z70
:

Observações:
- A função G0 é Modal, portanto, cancela (G1,G2,G3).
- Graficamente é representada por linhas tracejadas e é dada em metros por minuto.
- Utilizar a função G0 somente para posicionamentos sem nenhum tipo de usinagem.
- Função entre parênteses é opcional.

5.3 - G1 - Interpolação linear com avanço programado

A função G1 realiza movimentos retilíneos com qualquer ângulo, calculado através das coordenadas de posicionamento descritas, utilizando-se de uma velocidade de avanço (F) pré-determinada pelo programador.

Sintaxe da sentença: G1 X... Z... F... (M...)

Onde:

X... - Definição de posicionamento final no eixo X (diâmetro)
Z... - Definição de posicionamento final no eixo Z (comprimento)
F... - Avanço programado
M... - Definição de Função Miscelânea (opcional)

Exemplo:

:
N25 G1 X20 Z42 F.1
:

Observações:

-O avanço é um dado importante de corte e é obtido levando-se em conta o material, a ferramenta e a operação a ser executada.
-Geralmente nos tornos CNC utiliza-se o avanço em mm/rotação, mas também pode ser utilizado mm/min.
-A função G1 é Modal, portanto, cancela (G0,G2,G3).
-A função Miscelânea "M...", é opcional.

5.4 - G2 e G3 - Interpolação circular

Nas interpolações circulares a ferramenta deve deslocar-se entre dois pontos, executando a usinagem de arcos pré-definidos, através de uma movimentação apropriada e simultânea dos eixos.

A interpolação circular é regida pela regra da mão direita e deslocará a ferramenta da seguinte forma:

A - Ao longo de uma circunferência, definida pelo tipo de torre utilizada (dianteira ou traseira) e pelo sentido de corte da usinagem.

- No sentido horário G2
- No sentido anti-horário G3

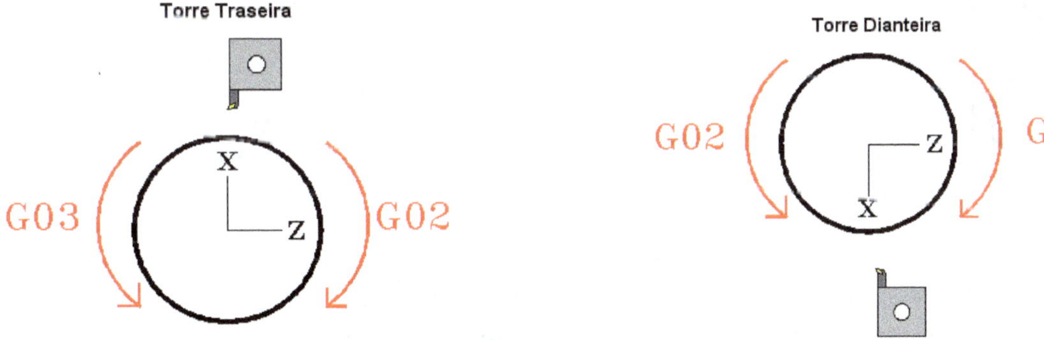

B - Do ponto inicial (P1) até o ponto final (P2) descrevendo uma trajetória circular.

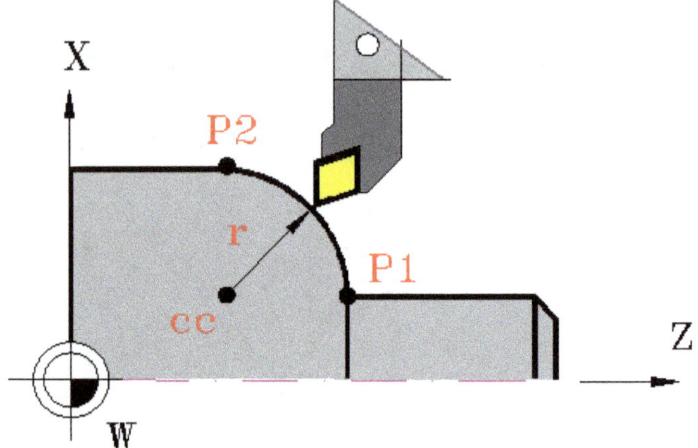

A Interpolação circular pode ser efetuada da seguinte forma:

1- Através da definição do valor do raio, pela função "R" de forma Absoluta.

G1 X... Z... (Ponto inicial P1)
Sintaxe da Sentença: G2 / G3 X... Z... R... (Ponto final P2)

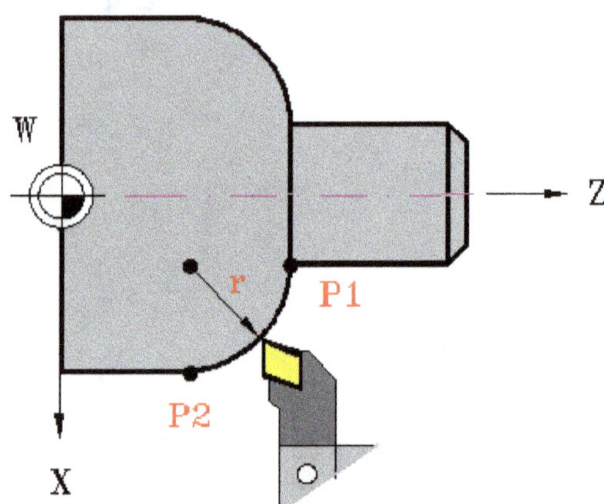

Onde:

X - Definição do posicionamento final no eixo X (diâmetro).
Z - Definição do posicionamento final no eixo Z (comprimento).
R - Raio

Exemplo:

:
N20 G1 X30 Z25 (Ponto inicial P1)
N25 G3 X40 Z30 R5 (Ponto final P2)
:

2- Através das coordenadas do centro do arco, pelas funções "I" e "K", de forma Absoluta.

	G1 X... Z...	(Ponto inicial P1)
Sintaxe da Sentença:	G2 / G3 X... Z... I... K...	(Ponto final P2)

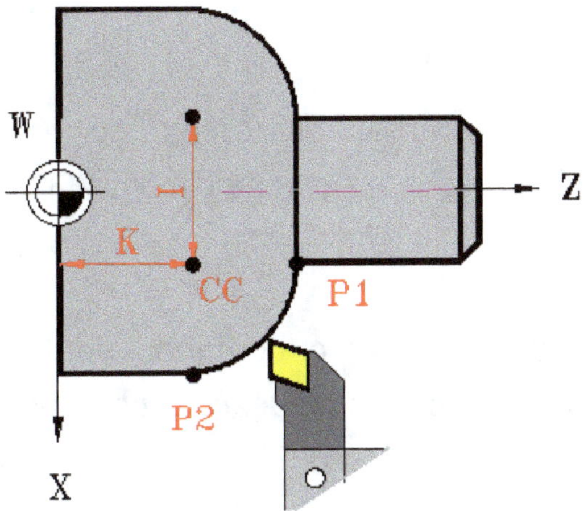

Onde:

X - Definição do posicionamento final no eixo X (diâmetro).

Z - Definição do posicionamento final no eixo Z (comprimento).

I - Coordenada do centro do arco, co-direcional paralela ao eixo X (em diâmetro).

K- Coordenada do centro do arco, co-direcional paralela ao eixo Z (em relação ao Zero Peça).

As funções I e K são programadas tomando-se como referência a distância entre os centros do arco no eixo "X", e a distância entre o centro do arco em relação a origem do sistema de coordenadas da peça, no eixo "Z'.

Exemplo:

:
N20 G1 X30 Z25 (Ponto inicial P1)
N25 G3 X40 Z30 I30 K20 (Ponto final P2)
:

Notas:

A função "I" deve ser programada em diâmetro.

Caso o centro do arco ultrapasse a linha de centro deveremos dar o sinal correspondente ao quadrante.

O sentido de execução da usinagem do arco define se este é horário ou anti-horário.

Observações:

- No caso de termos ferramentas trabalhando em quadrantes diferentes, no eixo transversal (quadrante negativo), devemos inverter o código de interpolação circular (G2 e G3) em relação ao sentido da ferramenta.

- Antes da execução do bloco contendo a interpolação circular o comando verifica automaticamente o arco e se for geometricamente impossível a execução, o comando para, mostrando a mensagem G2/G3 -DEF.ILEGAL.

5.5 - G4 - Tempo de permanência (DWELL)

A função G4 é a função que determina um tempo de permanência da ferramenta parada. Com esta função entre um deslocamento e outro da ferramenta, pode-se programar um determinado tempo para que a mesma permaneça sem movimento. A função G4 executa essa permanência parada, cuja duração é definida por um valor "D" associado, que define o tempo em segundos (0,01 a 99,99 segundos).

Sintaxe da Sentença: G4 D...

Onde:

D - Tempo de permanência em segundos.

Exemplo 1:

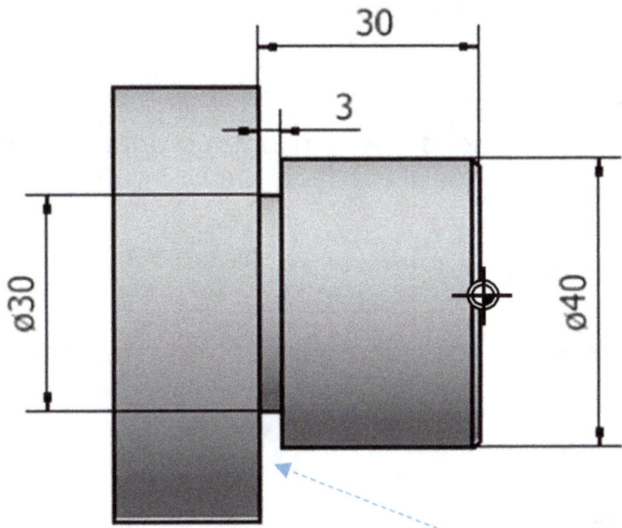

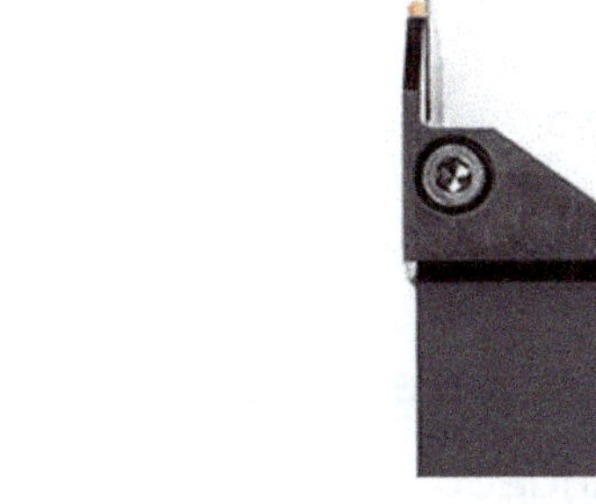

N30 G0 X42 Z-30 M08
N35 G1 X30 Z-30 F .05
N40 G4 D1
N45 G0 X42 Z-30
N50 G0 X150 Z50 M09

Exemplo 2:

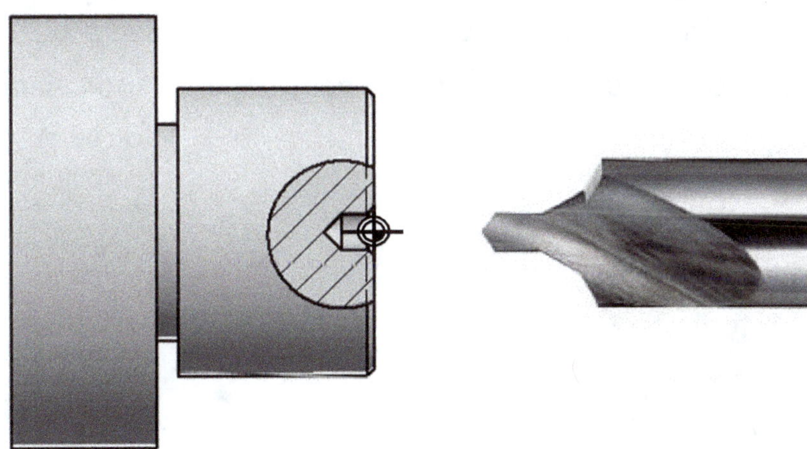

:
N30 G0 X0 Z2 M08
N35 G1 X0 Z-5 F .05
N40 G4 D1
N50 G0 X0 Z2
N60 G0 X150 Z50 M09

Observações:
- Na primeira vez que um bloco com G4 aparece no programa, a função "D" deve ser incluída no bloco.
- A função G4 não é MODAL, porém os novos tempos usados nos blocos seguintes e que tiverem o mesmo valor da função "D", podem ser requeridos apenas com a programação da função G4.

5.6 - G20 - Sistema de dimensão em polegada (inch)

A função G20 é um comando Modal e prepara o comando para entrada de dados em polegadas.
Ela cancela qualquer função G21 anterior.

5.7 - G21 - Sistema de dimensão em milímetro (mm)

A função G21 é um comando Modal e prepara o comando para entrada de dados em milímetros.
Ela cancela qualquer função G20 anterior

5.8 - Compensação do raio da ferramenta

Nas máquinas CNC, o comando entende como ponta da ferramenta o ponto comandado da mesma. O ponto comandado é um ponto no espaço que se encontra no cruzamento das linhas X e Z que tangenciam o raio do inserto. Porém a ponta útil da ferramenta, na verdade são todos os pontos de contato que tangenciam o raio do inserto.

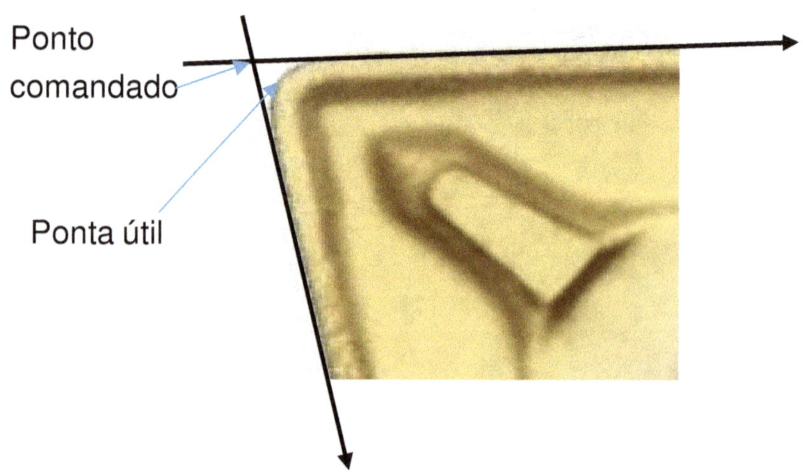

Em algumas situações de usinagem o ponto comandado não interfere no dimensionamento final da peça, como no caso de faceamentos e torneamentos cilíndricos.

Porém em situações de usinagem como torneamentos de superfícies cônicas ou curvilíneas, há necessidade de se fazer a compensação do raio da ferramenta, para que não haja distorções de dimensionamento final da peça, em função do ponto comandado não equivaler à ponta útil da ferramenta.

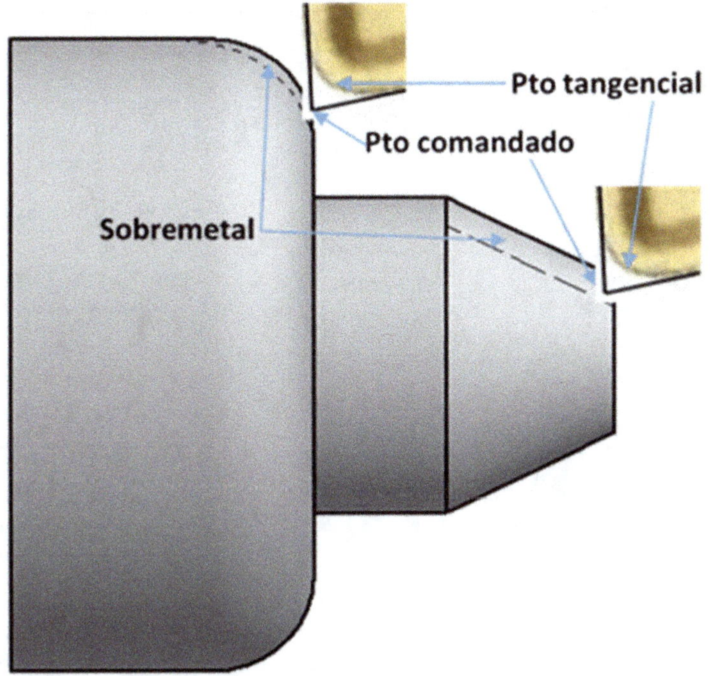

Nestas situações de usinagem a compensação do raio da ferramenta se dá através de cálculos efetuados pelo comando, em função do valor do raio do inserto determinado no ajuste da máquina para cada ferramenta operante, transferindo com esses cálculos o ponto comandado para a ponta útil da ferramenta.

Na próxima figura pode-se ver claramente a aplicação da compensação do raio da ferramenta.

Sem compensação:

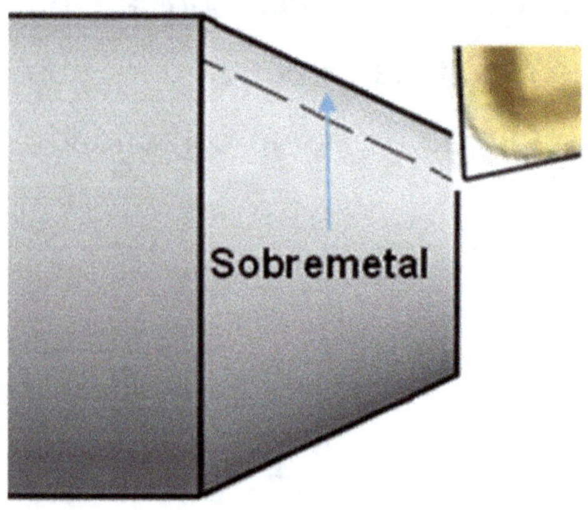

Com compensação:

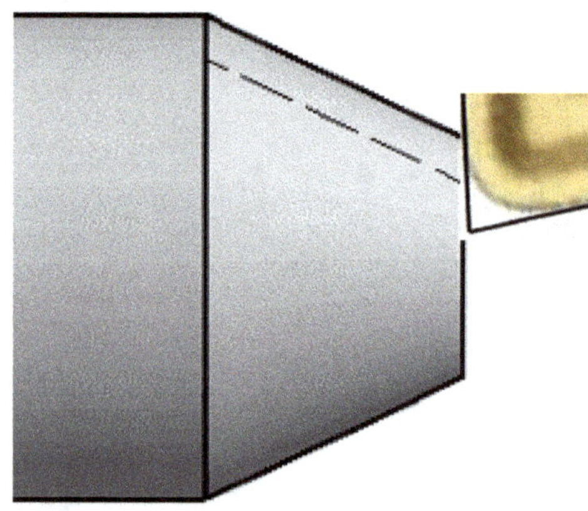

Para efetuar a compensação do raio da ferramenta, é necessário informar ao comando através do programa o código de compensação e na preparação da máquina o lado de ataque da ferramenta.

5.8.1 - G41 - Compensação do raio da ferramenta (à esquerda)

A função G41 é Modal portanto cancela G40 e seleciona o valor do raio do inserto para os cálculos de compensação, estando à esquerda da peça a ser usinada, vista em relação ao sentido de avanço de corte.

A função da compensação deve ser programada em um bloco separado e ser seguido por um bloco de aproximação em movimento linear G1, para que o comando possa fazer a compensação de raio da ferramenta dentro deste movimento, onde se recomenda que não haja nenhum tipo de usinagem.

Exemplo:
N35 G41
N40 G1 X... Z... F... (Este bloco será utilizado para a compensação)

5.8.2 - G42 - Compensação do raio da ferramenta (à direita)

A função G42 é Modal portanto cancela G40 e implica em compensação similar a G41, exceto que a direção de compensação à direita da peça a ser usinada, vista em relação ao sentido de avanço de corte. Como na função G41 a função G42 deverá ser programada em um bloco separado e ser seguido por um bloco de aproximação.

Exemplo:
N35 G42
N40 G1 X... Z... F... (Este bloco será utilizado para a compensação)

Observações:
- A escolha do código G41 ou G42 adequado para cada caso, será feito em função do sentido longitudinal de corte na usinagem.
- Nunca se deve usar o código G0 (avanço rápido) quando se estiver compensando o raio da ferramenta.

5.8.3 - G40 - Cancela a compensação do raio da ferramenta

A função G40 é Modal e cancela as funções de compensação previamente solicitadas G41 ou G42, e está ativa quando a máquina é ligada.

A função G40 deve ser programada em um bloco separado, e quando solicitada pode utilizar o bloco posterior com avanço linear G1 para efetuar a descompensação, onde se recomenda que não haja nenhum tipo de usinagem

Exemplo:
N35 G40
N40 G1 X... Z... F... (Este bloco será utilizado para a descompensação)

Nota: Para a compensação de raio ser efetuado com êxito, é necessário acessar a página de "OFFSET/PARAM." e informar o raio e o quadrante da ferramenta.

Observações:

- O primeiro deslocamento após a compensação de raio deve ser maior do que o raio da pastilha da ferramenta.
- A ferramenta não deve estar em contato com o material a ser usinado quando as funções de compensação forem ativadas ou desativadas no programa.

Definição do tipo de ferramenta.

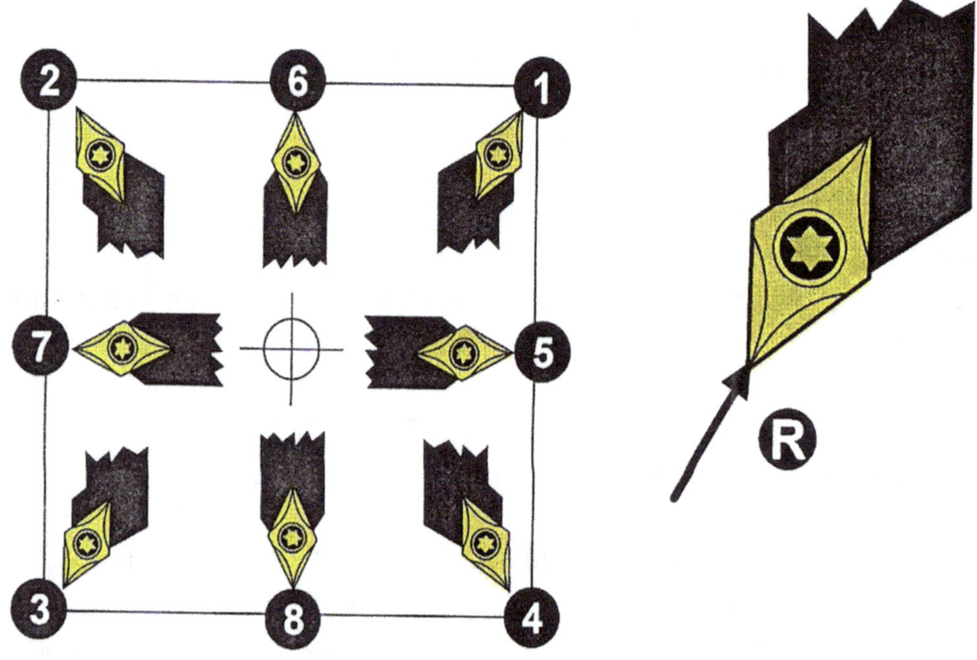

Códigos de compensação do raio da ferramenta

Torre Traseira

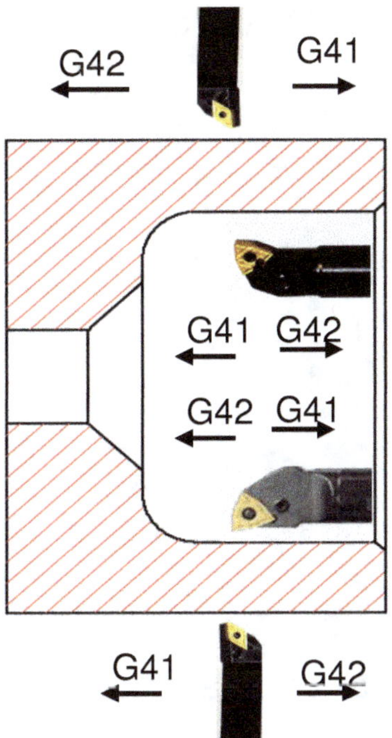

Observação: Quadrante negativo invertem-se os códigos.

Torre Dianteira

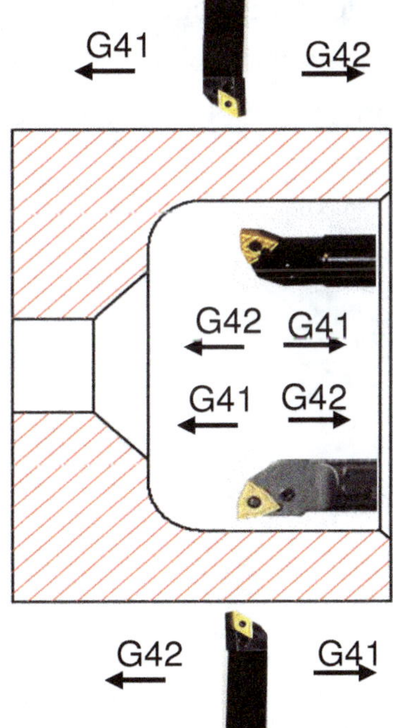

Observação: Quadrante negativo invertem-se os códigos.

5.9 - G90 - Programação em Coordenadas Absolutas

A função G90 é modal e prepara a máquina para executar operações em coordenadas absolutas, que usam como referência uma origem (Zero Peça W), pré-determinada para programação.

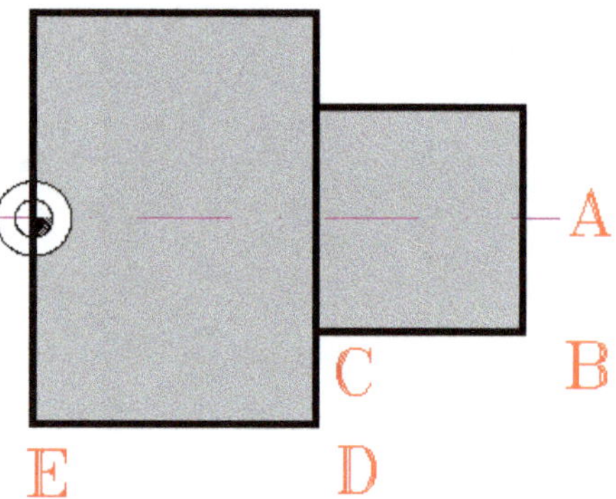

Observação:
- As máquinas ao serem ligadas já assumem G90 como condição básica de funcionamento.

5.10 - G91 - Programação em Coordenadas Incrementais

A função G91 é Modal e prepara a máquina para executar todas as operações em coordenadas incrementais. Assim todas as medidas são feitas através da distância a se deslocar. Neste caso, a origem das coordenadas de qualquer ponto é o ponto anterior ao deslocamento.

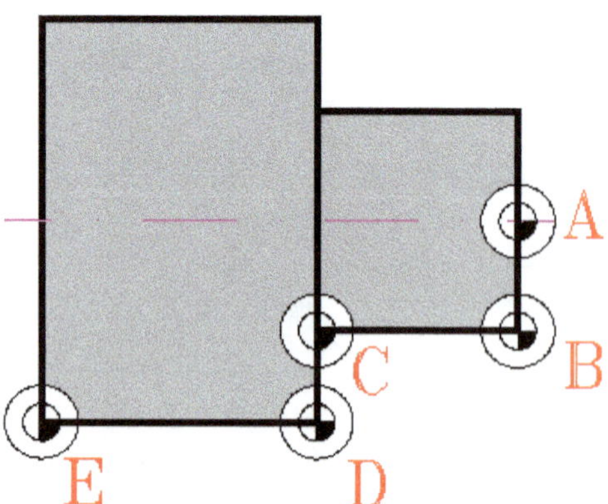

5.11 - G92 - Definição de Origem temporária / Limite de RPM

O código G92 é utilizado como dupla função, Origem de sistema de coordenadas absolutas e limite de rotação do eixo árvore.

A - G92 como: Nova origem do sistema de coordenadas

A função G92 acompanhada das funções de posicionamento X e Z estabelece na memória do comando, uma nova origem do sistema de coordenadas absolutas (X0,Z0), através da qual efetuará os cálculos dos posicionamentos posteriores.

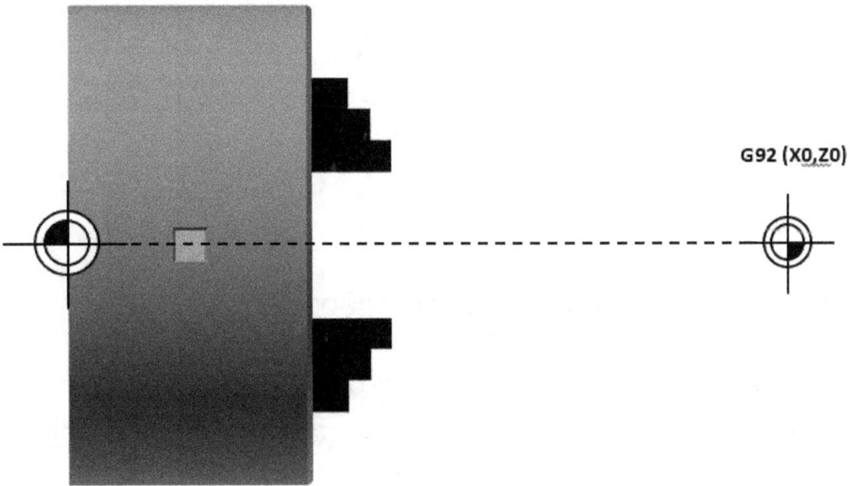

Exemplo:
N30 G92 X150. Z150.

Os valores da função G92 podem ser positivos ou negativos, dependendo do quadrante utilizado pela ferramenta.

B - G92 como: Limite máximo de rotação do eixo árvore G92

Quando se utiliza o código G92 junto com a função auxiliar S 4 (4 dígitos), limita-se a rotação do eixo-árvore.

Exemplo:
N40 G92 S3000 M3

Permite que o eixo-árvore gire até 3000 RPM no máximo.

5.12 - G94 - Programação de Avanço em milímetros por minuto

A função G94 é Modal e prepara o comando para computar todos os avanços programados pela função auxiliar 'f' em pol/min quando utilizado juntamente com a função G20 ou mm/min quando utilizado juntamente com a função G21.

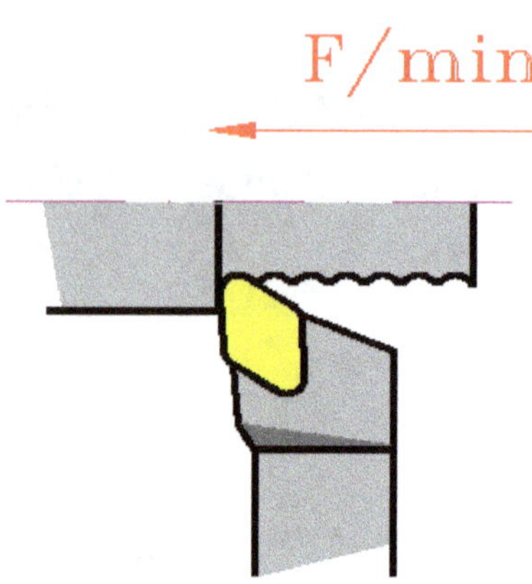

5.13 - G95 - Programação de Avanço em milímetros por rotação

A função G95 é Modal prepara o comando para computar todos os avanços programados pela função auxiliar 'f' em pol/rot quando utilizado juntamente com a função G20 ou mm/rot quando utilizado juntamente com a função G21.

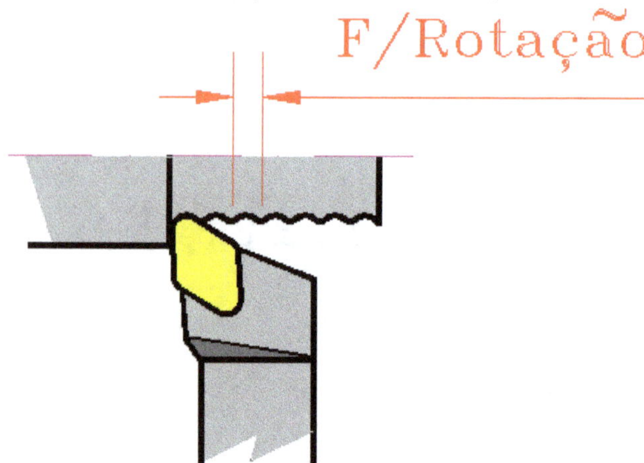

Muitas máquinas ao serem ligadas já assumem G95 com a função G21 como condição básica de funcionamento.

5.14 - G96 - Programação em Velocidade de Corte Constante

A função G96 é Modal e seleciona o modo de programação em velocidade de corte constante por minuto, cuja objetivo é promover a variação calculada da RPM em função do diâmetro. Ela deverá ser programada em bloco separado precedido pela função auxiliar "S", a qual entra como um valor de velocidade de corte.

O valor da velocidade de corte dado pela função auxiliar "S" é computado pelo comando em pés/minuto quando utilizado juntamente com a função G20 ou metros/minuto quando utilizado juntamente com a função G21, para efeito dos cálculos da rotação.

O cancelamento da função G96 se dá pela função G97.

O cálculo da rotação é feito em função do diâmetro usinado e do valor da velocidade de corte requerida pela função "S", deste modo a velocidade de corte é mantida variando-se apenas a rotação, à medida que se varia o diâmetro usinado.

Fórmulas:

$$N = \frac{Vc \cdot 1000}{\pi \cdot D}$$

$$Vc = \frac{\pi \cdot D \cdot N}{1000}$$

Onde:

N = RPM

v_c = Velocidade de corte

D = Diâmetro usinado

Observação:

- Quanto maior o diâmetro menor o RPM, e quanto menor o diâmetro maior o RPM.
- A modificação manual da RPM, poderá ser feita através do seletor de variação da RPM do painel de comando da máquina, que varia de 50% até 120% da RPM programada.

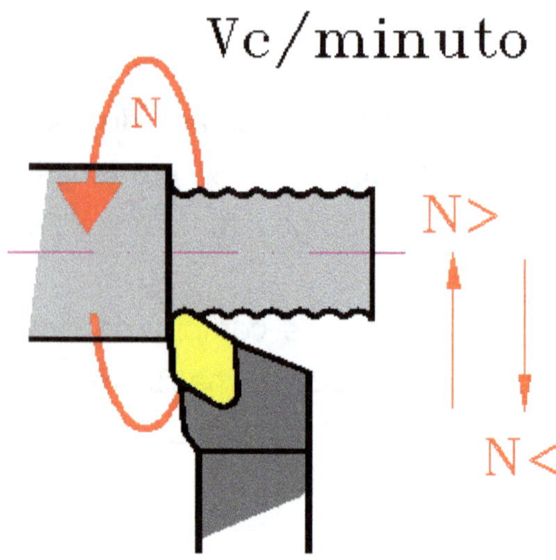

Nota: A máxima RPM alcançada pela velocidade de corte constante pode ser limitada programando-se a função G92.

Exemplo:

:

N40 G96 (Programação em velocidade de corte constante)
N45 S 200 (Valor da velocidade de corte)
N50 G92 S3000 M3 (Limitação máxima da RPM e sentido de giro da placa).

5.15 - G97 - Programação em RPM

A função G97 é Modal e seleciona o modo de programação em RPM direta, cujo valor é dado pela função auxiliar "S" usando um formato S4 (4 dígitos), desta forma não haverá variação de rotação. A função G97 é Modal e é cancelada pela função G96, e deve ser programada em bloco separado.

A modificação manual da RPM, poderá ser feita através do seletor de variação da RPM do painel de comando da máquina, que varia de 50% até 120% da RPM programada.

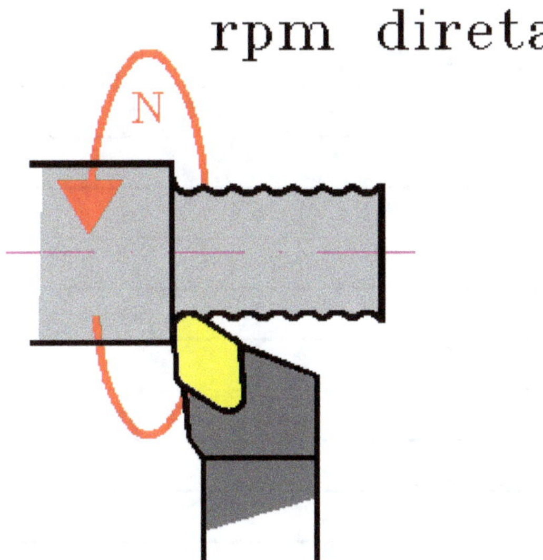

Exemplo:

:

N65 G97 (Programação em RPM direta)

N70 S2500 M3 (Valor da RPM e sentido de giro)

Anotações:

Capítulo 6

Ciclos de Múltiplas Repetições

Os ciclos de repetição múltipla facilitam o trabalho do programador na criação de novos programas. Os passos de usinagem de maior frequência podem ser executados com uma função G; sem os ciclos de repetição múltipla seria necessário programar vários blocos NC.

Com o uso dos ciclos de repetição múltipla é possível abreviar um programa de usinagem e economizar espaço na memória.

Em dialeto ISO é chamado um ciclo fechado, que utiliza a funcionalidade dos ciclos padrão da SIEMENS. Neste caso, os endereços programados no bloco NC são transmitidos ao ciclo fechado através de variáveis de sistema. O ciclo fechado adapta estes dados e chama um ciclo padrão da SIEMENS.

Os ciclos automáticos ajudam assim na execução de operações complexas tais como, desbaste, roscamento, furações e outras, pois, eliminam a necessidade de informações repetitivas de programação.

6.1 - Função: G70

Aplicação: Ciclo de acabamento

Este ciclo é utilizado após a aplicação dos ciclos de desbaste G71, G72 e G73 para dar o acabamento final da peça sem que o programador necessite repetir toda a sequência do perfil a ser executado.

Sintaxe: G70 P_____Q______F______

Onde:

P= número do bloco que define o início do perfil
Q= número do bloco que define o final do perfil
F= avanço

A função F especificada entre o bloco de início do perfil (P) e final do perfil (Q), é válida durante a utilização do código G70, mas não tem efeito durante a execução dos ciclos de desbaste (G71, G72 e G73).

Notas: Após a execução do ciclo G70 a ferramenta retorna automaticamente ao ponto utilizado para o ponto inicial.

O ciclo de acabamento ativa a compensação de raio da ponta da ferramenta automaticamente, por isso, não é necessária a programação dos comandos G41 e G42 no perfil da peça.

6.2 - Função: G71

Aplicação: Ciclo automático de desbaste longitudinal

A função G71 deve ser programada em dois blocos subsequentes, visto que os valores relativos a profundidade de corte e sobremetal para acabamento nos eixos transversal e longitudinal são informados pela função "U" e "W" respectivamente.

A sintaxe do primeiro bloco G71:

G71 U______R______

Onde:

U= valor da profundidade de corte durante o ciclo, dado em raio

R= valor do afastamento no eixo transversal para retorno ao Z inicial, dado em raio

A sintaxe do segundo bloco G71:

G71 P_______Q_______U________W________F________

Onde:

P= número do bloco que define o início do perfil

Q= número do bloco que define o final do perfil

U= sobremetal para acabamento no eixo "X" (positivo para externo e negativo para interno, dado em diâmetro)

W= sobremetal para acabamento no eixo "Z" (positivo para sobremetal à direita, negativo para sobremetal à esquerda)

F= avanço

Nota: Após a execução do ciclo, a ferramenta retorna automaticamente ao ponto posicionado.

Exemplo de usinagem externa:

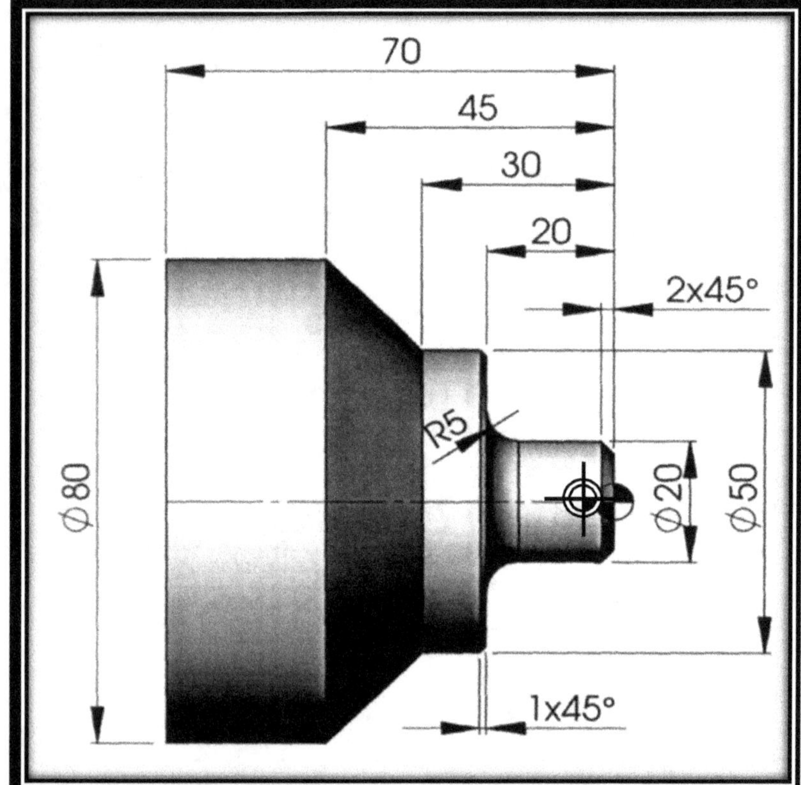


```
N05 G291
N10 G21G40G90G95
N20 G54
N25 G0 X200 Z200
N30 T01D1
N40 G96
N50 S200
N60 G92 S2500 M4
N70 G0 X80 Z2
N80 G71 U2 R1
N90 G71 P100 Q180 U1 W.3 F.25
N100 G0X16
N110 G1 Z0
N120 X20Z-2
N130 Z-15
N140 G2X30Z-20R5
N150 G1 X48
N160 X50Z-21
N170 Z-30
N180 X80Z-45
N190 G70P100Q180F.2
N200 G0 X200 Z200
N210 M30
```

Observação:

- Desbaste e acabamento feitos com a mesma ferramenta.

Nota: O corretor de ferramenta que será utilizado nesse comando será o D1.

A programação em todo o livro foi escrita na linguagem ISO, por isso será colocado o código G291 para passar da linguagem do comando SIEMENS para o sistema ISO.

Exemplo de usinagem interna:

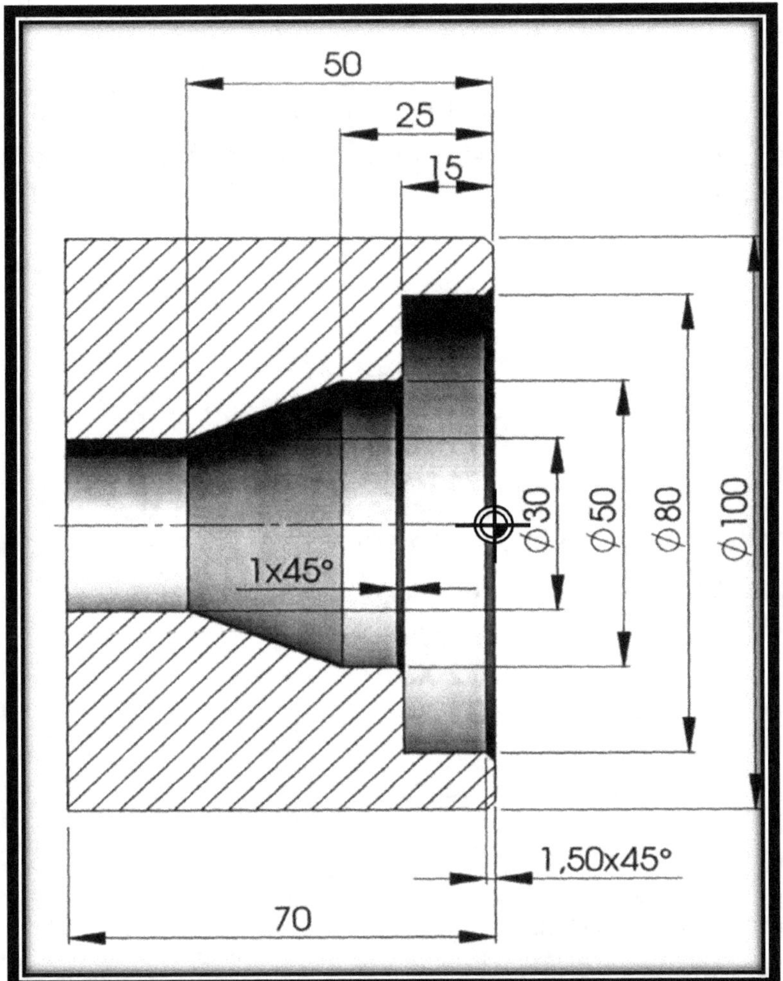


```
N05 G291
N10 G21G40G90G95
N20 G54
N25 G0 X190 Z200
N30 T01D1
N40 G96
N50 S200
N60 G92 S2500 M4
N70 G0 X25 Z2
N80 G71 U2 R1
N90 G71 P100 Q170 U-1. W.3 F.3
N100 G0X83
N110 G1 Z0
N120 X80Z-2
N130 Z-15
N140 X50,C1
N150 Z-25
N160 X30Z-50
N170 Z-71
N180 G0 X190 Z200
N190 T02D1
N200 G96
N210 S250
N220 G92 S3500 M4
N230 G0 X25 Z2
N240 G70P100Q170F.2
N250 G0 X190 Z200
N260 M30
```

Observação:

- Desbaste e acabamento feitos com ferramentas diferentes.
- A programação foi escrita na linguagem ISO, por isso foi colocado o código G291.

6.3 - Função: G72

Aplicação: Ciclo automático de desbaste transversal

A função G72 deve ser programada em dois blocos subsequentes, visto que os valores relativos a profundidade de corte e o sobremetal para acabamento no eixo longitudinal são informados pela função "W".

A sintaxe do primeiro bloco G72:

G72 W______R______

Onde:

W= valor da profundidade de corte durante o ciclo, dado em raio

R= valor do afastamento no eixo longitudinal para retorno ao X inicial

A sintaxe do segundo bloco G72:

G72 P_______Q_______U_________W_________F________

Onde:

P= número do bloco que define o início do perfil

Q= número do bloco que define o final do perfil

U= sobremetal para acabamento no eixo "X" (positivo para externo e negativo para interno, dado em diâmetro)

W= sobremetal para acabamento no eixo "Z" (positivo para sobremetal à direita, negativo para sobremetal à esquerda)

F= avanço

Nota: Após a execução do ciclo, a ferramenta retorna automaticamente ao ponto posicionado.

IMPORTANTE: A programação do perfil do acabamento da peça, deverá ser definido da esquerda para a direita.

Exemplo de usinagem externa:

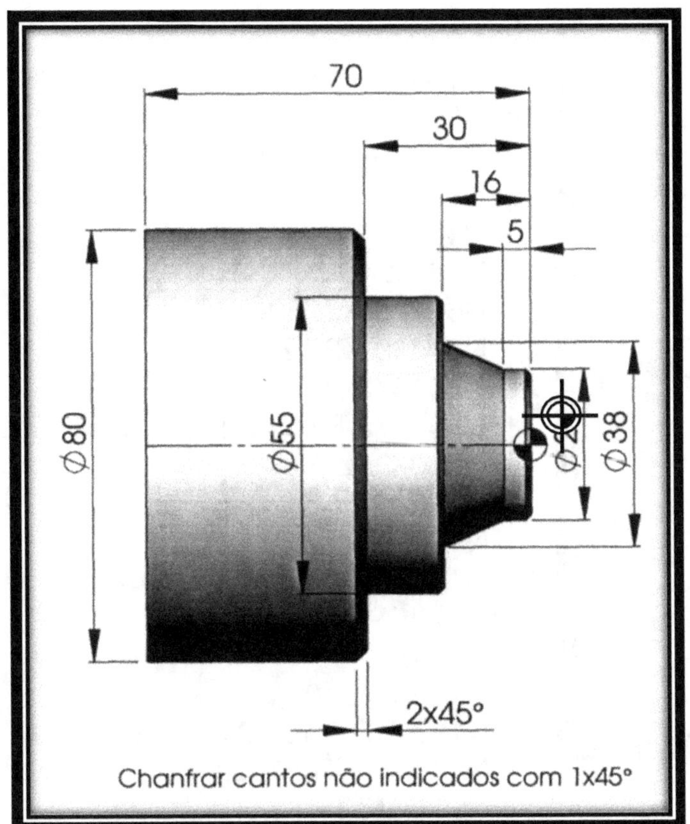

Chanfrar cantos não indicados com 1x45°

```
N05 G291
N10 G21G40G90G95
N20 G54
N25 G0 X100 Z150
N30 T01D1
N40 G96
N50 S200
N60 G92 S3500 M4
N70 G0 X84 Z1
N80 G72W2R1
N90 G72 P100 Q180 U1 W.3 R.25
N100 G0Z-32
N110 G1 X80
N120 X76Z-30
N130 X55
N140 Z-16,C1
N150 X38
N160 X28Z-5
N170 Z-1
N180 X26Z0
N190 G70P100Q180F.18
N200 G0 X100 Z150
N210 M30
```

Observação:

- Desbaste e acabamento feitos com a mesma ferramenta.
- A programação foi escrita na linguagem ISO, por isso foi colocado o código G291.

Exemplo de usinagem interna:

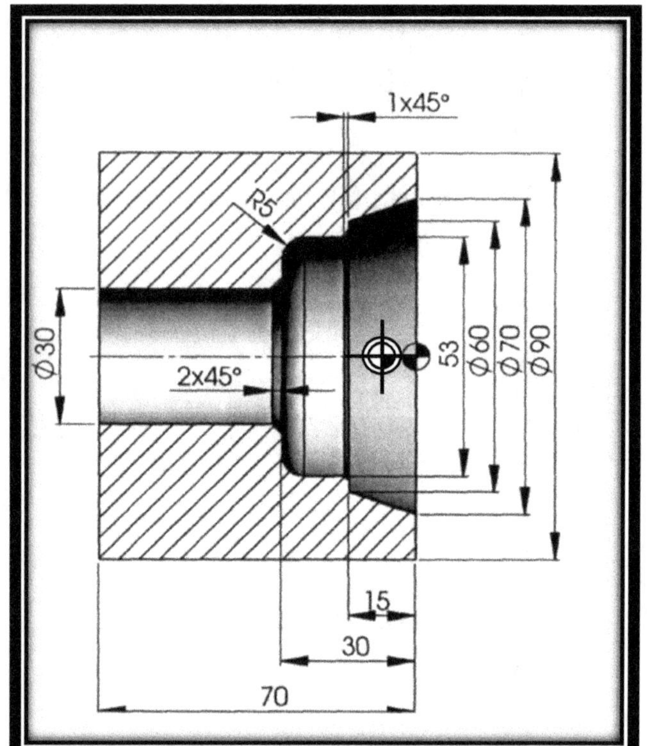


```
N05 G291
N10 G21G40G90G95
N20 G54
N25 G0 X150 Z200
N30 T01D1
N40 G96
N50 S240
N60 G92 S2500 M3
N70 G0 X28 Z1
N80 G72W2R1
N90 G72 P100 Q180 U-1 W.3 F.3
N100 G0Z-32
N110 G1 X30
N120 X34Z-30
N130 X53,R5
N140 Z-15,C1
N 170 X60
N180 X70Z0
N190 G70P100Q180F.2
N200 G0 X150 Z200
N210 M30
```

Observação:

- Desbaste e acabamento feitos com a mesma ferramenta.
- A programação foi escrita na linguagem ISO, por isso foi colocado o código G291.

6.4 - Função: G74

Aplicação: Ciclo de furação

Sintaxe da função:
G74 R_____
G74 Z_____Q_____F_____

Onde:

R= retorno incremental para quebra de cavaco
Z= posição final
Q= valor do incremento (milésimo de milímetro)
F= avanço

Nota: Após a execução do ciclo, a ferramenta retorna automaticamente ao ponto posicionado.

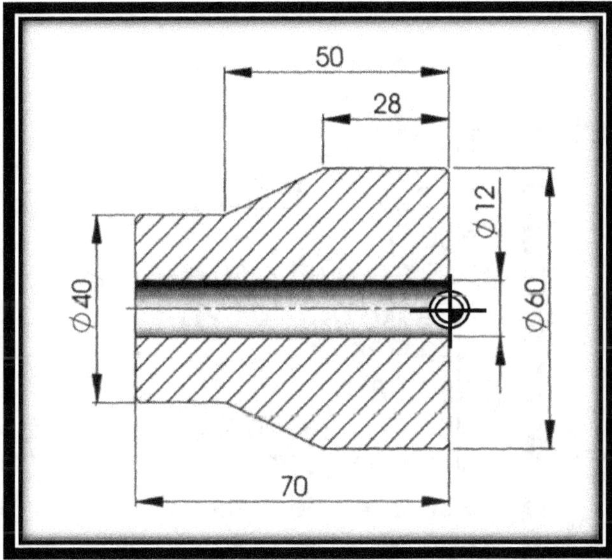


```
N05 G291
N10 G21G40G90G95
N20 G54
N25 G0 X100 Z200
N30 T1D1
N40 G97
N50 S1200M3
N60 G0 X0 Z5
N70 G74 R2
N80 G74Z-74Q15000F.1
N90 G0 X100 Z200
N100 M30
```

6.5 - Função: G74

Aplicação: Ciclo de torneamento

A sintaxe da função:

G74 X_____Z_____P_____Q______R______F______

Onde:

X= diâmetro final do torneamento
Z= posição final
P= profundidade de corte (raio em milésimo de mm)
Q= comprimento de corte (incremental em milésimo de mm)
R= valor do afastamento no eixo transversal (raio)
F= avanço

Nota: Para a execução deste ciclo, deve-se posicionar a ferramenta no diâmetro da primeira passada. Após a execução do ciclo a ferramenta retorna automaticamente ao ponto de posicionamento.

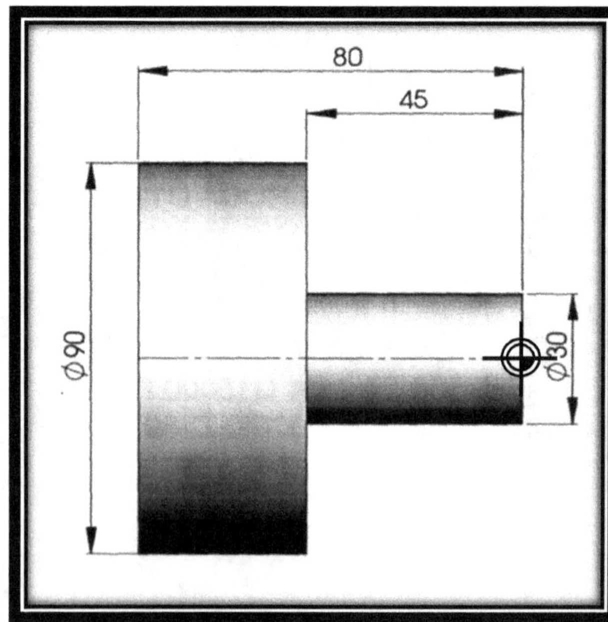


```
N05 G291
N10 G21G40G90G95
N20 G54
N25 G0 X100 Z150
N30 T01D1
N40 G96
N50 S250
N60 G92 S3500 M4
N70 G0 X84 Z2
N80 G74 X30 Z-45 P3000 Q47000 R1 F.2
N90 G0 X100 Z150
N100 M30
```

6.6 - Função: G75

Aplicação: Ciclo de canais

Sintaxe da função:

G75 R_____

G75 X_____Z_____P_____Q_____F_____

Onde:

R= retorno incremental para quebra de cavaco (raio)
X= diâmetro final do canal
Z= posição final
P= incremento de corte (raio em milésimo de mm)
Q= distância entre os canais (incremental em milésimo de mm)
F= avanço

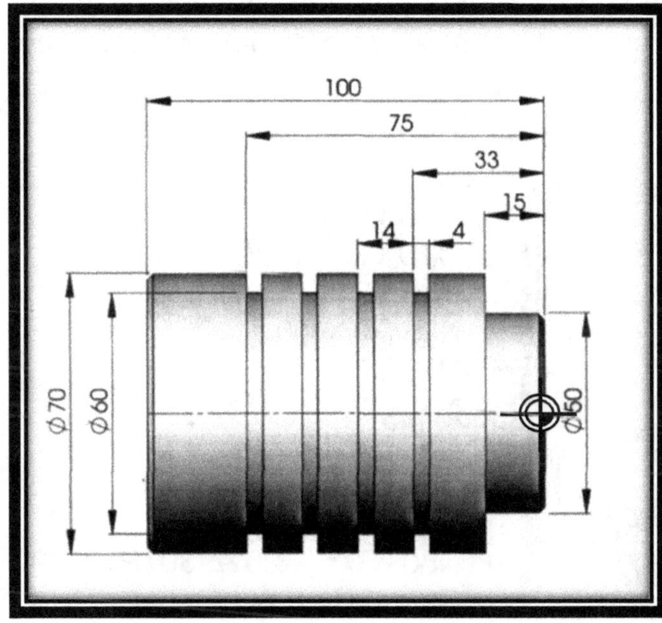


```
N05 G291
N10 G21G40G90G95
N20 G54
N30 G0 X100Z100
N40 T2D1
N50 G96
N60 S200
N70 G92 S1500 M4
N80 G0 X75 Z-33
N90 G75 R1
N100 G75 X60Z-75P7500Q14000F.1
N110 G0 X100Z100
N120 M30
```

Nota: O posicionamento em Z deve ser feito no primeiro canal.

6.7 - Função: G75

Aplicação: Ciclo de faceamento

A sintaxe da função:

G75 X_____Z______P______Q______R______F______

Onde:

X= diâmetro final
Z= posição final
P= incremento de corte no eixo "Z" (milésimo de mm)
Q= profundidade de corte por passada no eixo "Z" (milésimo de mm)
R= afastamento no eixo longitudinal para retorno ao "X" inicial (raio)
F= avanço

Nota: Para a execução deste ciclo, deve-se posicionar a ferramenta no diâmetro da primeira passada. Após a execução do ciclo a ferramenta retorna automaticamente ao ponto posicionado.

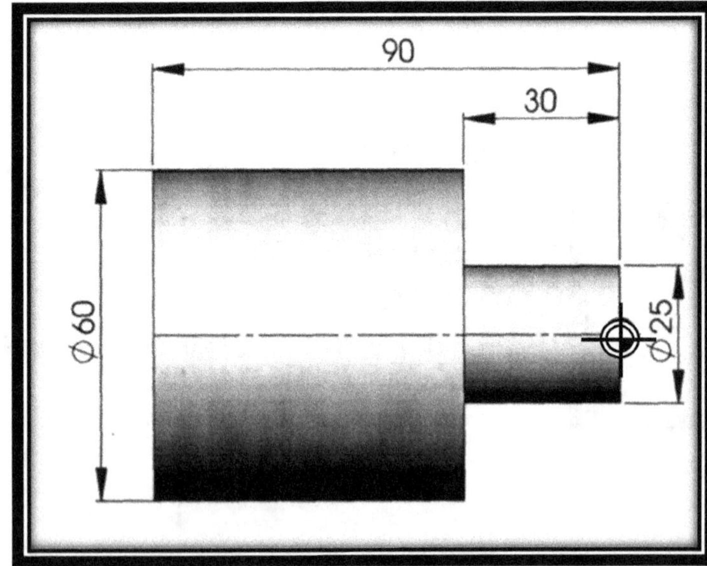


```
N05 G291
N10 G21G40G90G95
N20 G54
N25 G0 X100 Z100
N30 T1D1
N40 G96
N50 S200
N60 G92 S3000 M4
N70 G0X64Z-2
N80  G75  X25  Z-30  P19500
Q2000 R1 F.2
N90 G0 X100 Z100
N100 M30
```

6.8 - Função: G76

Aplicação: Ciclo de roscamento automático
Sintaxe da função:

G76 P (m) (s) (a) Q________R_______

Onde:

m= número de passes do último passe – 2 dígitos
s= saída angular da rosca
a= ângulo da ferramenta
Q= mínima profundidade de corte (raio em milésimos de mm).
R= profundidade do último passe (raio)

G76X______(U______) Z______(W______) R______P______Q______F______

Onde:

X= diâmetro final do rosqueamento
U= distância incremental do diâmetro posicionado até o diâmetro final da rosca
Z= comprimento final do rosqueamento
W= distância incremental do ponto posicionado até a coordenada final no eixo "Z"
R= valor da conicidade incremental no eixo "X" (raio em negativo para externo e positivo para interno)
P= altura do filete da rosca (raio e em milésimos de mm)
Q= profundidade do 1º passe (raio e em milésimos de mm)
F= avanço

Exemplo de rosca externa:

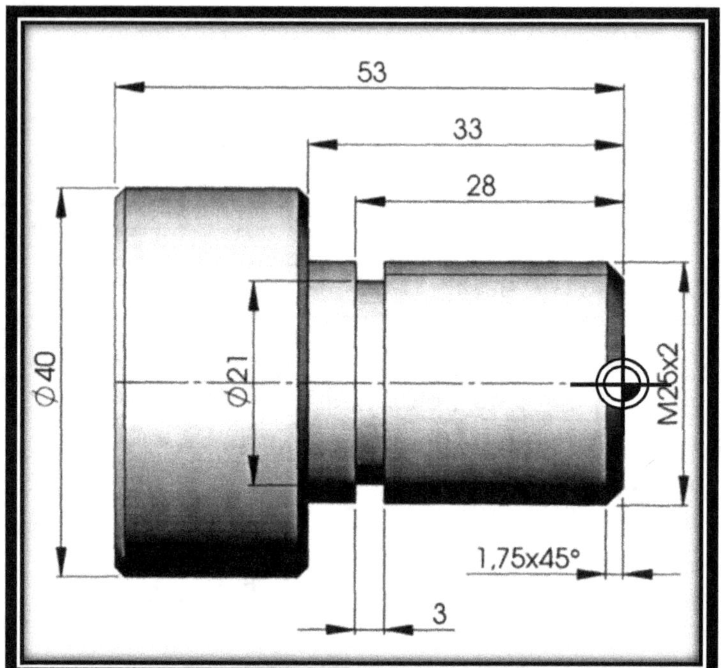


```
N05 G291
N10 G21G40G90G95
N20 G54
N25 G0 X100 Z100
N30 T1D1
N40 G97
N50S1500M4
N60 G0 X29 Z4
N70 G76 P010060 Q100 R.1
N80 G76 X22.4 Z-26.5 P1300 Q433 F2
N90 G0 X100 Z100
N100 M30
```

Observação:

- Na aproximação foi considerada a torre dianteira. Se for torre traseira a aproximação em "Z" 26.5 e no ciclo G76 o "Z" terá o valor de 2.

Cálculos:

1°) Altura do filete (P):

P = (0.65 x passo)

P = (0.65 X 2)

P = 1.3

2°) Diâmetro final (X):

X = Diâmetro inicial - (P x 2)

X = 25-(1.3 x 2)

X = 22.4

3º) Profundidade do primeiro passe (Q):

$$Q = \frac{P}{\sqrt{N.passadas}}$$

OBS . No exemplo, cálculo para 9 passadas.

$$Q = \frac{1,3}{\sqrt{9}}$$

Q= 0.433

Exemplo de rosca interna: M20 x 1.5

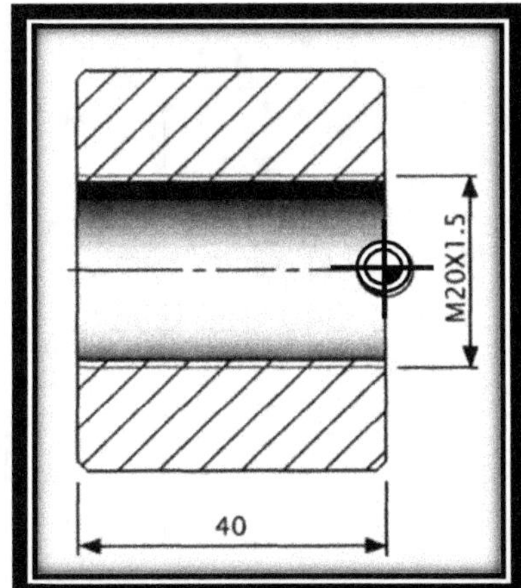


```
N05 G291
N10 G21G40G90G95
N20 G54
N25 G0 X100 Z100
N30 T01D1
N40 G97
N50 S1000M4
N60 G0X16Z4
N70 G76 P010060 Q100 R.1
N80 G76 X20 Z-43 P975 Q325 F1.5
N90 G0 X100 Z100
N100 M30
```

Observação:

- Na aproximação foi considerada a torre dianteira.

Cálculos:

1°) Altura do filete (P):

P = (0.65 x passo)

P = (0.65 X 1.5)

P = 0.975

2°) Diâmetro final (X):

X = Diâmetro inicial - (P x 2)

X = 20-(0.975 x 2)

X = 18.05

3º) Profundidade do primeiro passe (Q):

$$Q = \frac{P}{\sqrt{N.passadas}}$$

OBS . No exemplo, cálculo para 9 passadas.

$$Q = \frac{0.975}{\sqrt{9}}$$

Q= 0.325

Exemplo de rosca interna: M20 x 1.5 (2 entradas)

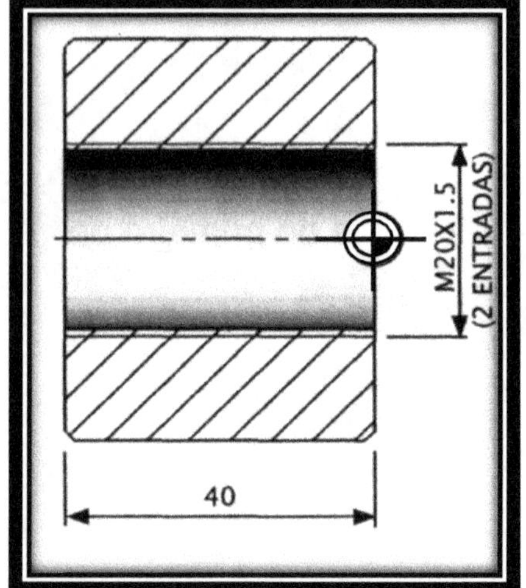


```
N05 G291
N10 G21G40G90G95
N20 G54
N25 G0 X175 Z100
N30T01D1 (ROSCA M20X1.5)
N40 G97
N50 S1000M4
N60 G0 X16 Z6 (1ª ENTRADA)
N70 G76 P010060 Q100 R0.1
N80 G76 X20. Z-43 P975 Q325 F3
N90 G0 X16 Z7.5 (2ª ENTRADA)
N100 G76 P010060 Q100 R0.1
N110 G76 X20. Z-43 P975 Q325 F3
N120 G0 X175 Z200
N130 M30
```

NOTA: *Para rosca com múltiplas entradas é necessário fazer o cálculo do avanço (F) da seguinte forma:*

F = Passo x nº entradas

F = 1,5 x 2

F = 3

Observação:

- Na aproximação foi considerada a torre dianteira.

Exemplo de rosca cônica: NPT 11.5 fios/pol
(Ângulo: 1 grau 47 min)

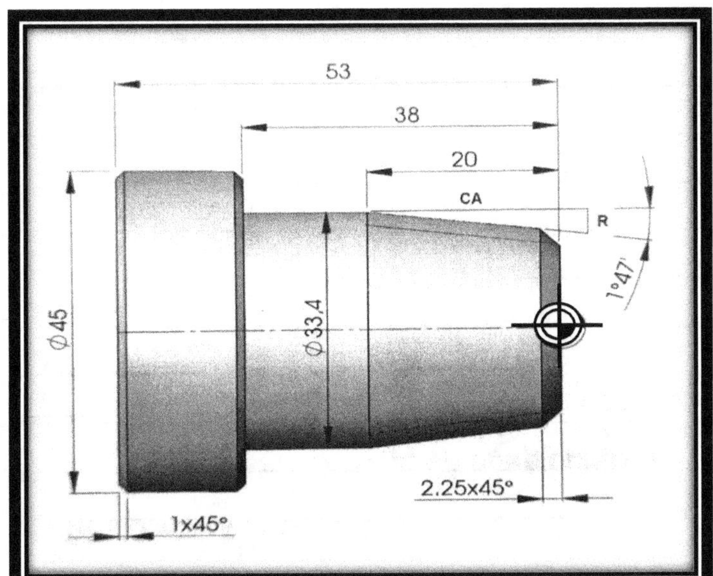


```
N05 G291
N10 G21G40G90G95
N20 G54
N25 G0 X100 Z100
N30 T1D1
N40 G97
N50S1500M4
N60 G0 X37 Z5
N70 G76 P010055 Q100 R.1
N80 G76 X29,57 Z-20 P1913 Q479
R-0,778 F2,20
N90 G0 X100 Z100
N100 M30
```

Cálculos:

Passo = 25.4 / 11.5 = 2.209

1°) Altura do filete (P):

P = (0.866 x passo)

P = (0.866 X 2.20)

P = 1.913

2°) Diâmetro final (X):

X = Diâmetro inicial - (P x 2)

X = 33.4-(1.913 x 2)

X = 29.57

4°) Conversão de 47min para grau

A=47 / 60

A=0.783°

1°47' = 1.783º

3º) Profundidade do primeiro passe (Q):

$$Q = \frac{P}{\sqrt{N.passadas}}$$

OBS . No exemplo, cálculo para 16 passadas.

$$Q = \frac{1,913}{\sqrt{16}}$$

5°) Conicidade incremental no eixo"X" (R)

R = (tg α) x CA

R = tg 1.783º x 25

R = 0.778

Anotações:

Capítulo 7

Ciclos Simples

7.1 - Função: G77

A função G77 pode ser utilizada como ciclo de torneamento paralelo ao eixo "Z" e como ciclo de torneamento cónico.

7.1.1 - Ciclo de torneamento paralelo

A função G77 pode ser utilizada como ciclo de torneamento paralelo ao eixo "Z", o qual torneia com sucessivos passes, até o diâmetro desejado.

A função G77, como ciclo de torneamento, requer:

G77 X__ Z__ F__

Onde:

X = diâmetro da primeira passada

Z = posição final (absoluto)

F = avanço de trabalho

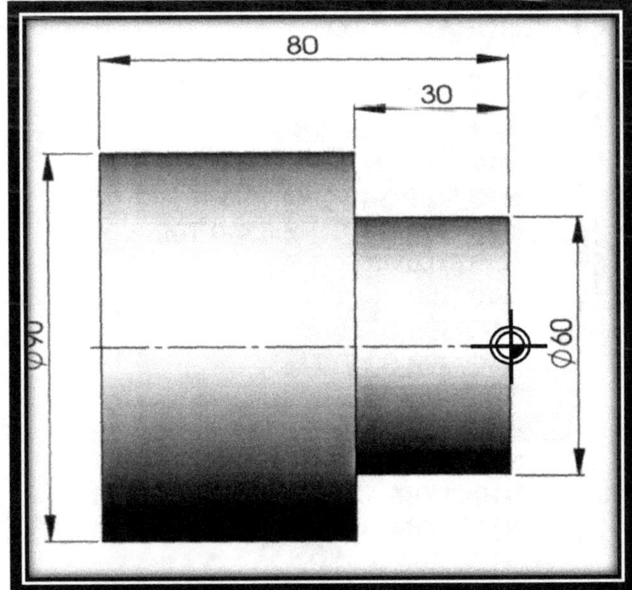


```
N05 G291
N10 G21G40G90G95
N20 G54
N25 G0 X100 Z100
N30 T01D1
N40 G96
N50 S150
N60 G92 S2500 M4
N70 G0 X90 Z2
N80 G77 X84 Z-30 F.3
N90 X78
N100 X72
N110 X66
N120 X60
N130 G0 X100 Z100
N140 M30
```

7.1.2 - Ciclo de torneamento cônico

A função G77 como ciclo de torneamento cónico, requer:

G77 X_ Z_ R_ F__

Onde:

X = diâmetro da primeira passada

Z = posição final (absoluto)

R = conicidade incremental no eixo "X" entre o ponto inicial e final (raio)

F = avanço de trabalho

OBSERVAÇÃO:
- No posicionamento da ferramenta no eixo "X", acrescentar o valor de "R" (no diâmetro), para definição da coordenada a ser programada, em relação ao material em bruto.

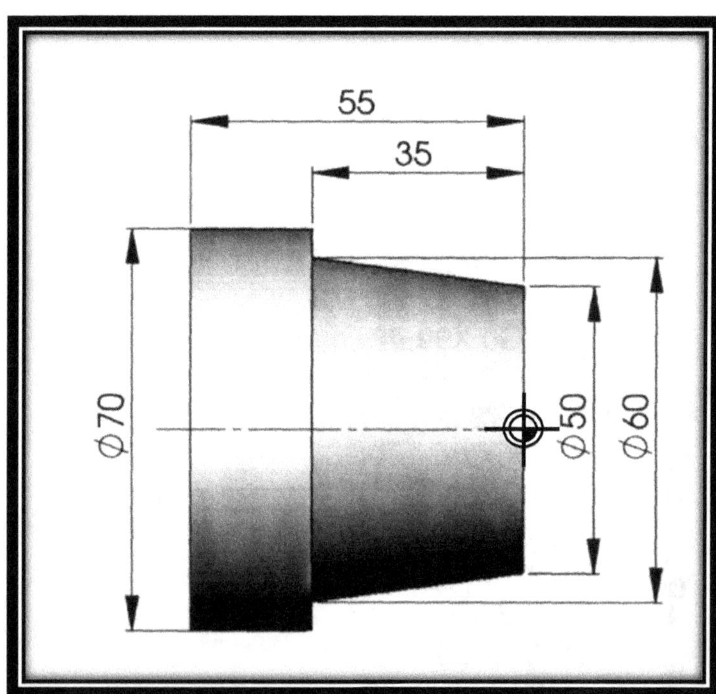


```
N05 G291
N10 G21G40G90G95
N20 G54
N25 G0 X190 Z100
N30T01D1
N40 G96
N50 S250
N60 G92 S3500 M4
N70 G0 X80 Z2
N80 G77 X76 Z-35 R-5 F.2
N90 X72
N100 X68
N110 X64
N120X60
N130 G0 X190 Z100
N140 M30
```

7.2 - Função: G78

Aplicação: Ciclo de roscamento semi-automático

A função G78 requer:

G78 X_Z_(R_) F_

Onde:

X = diâmetro de roscamento

Z = posição final de roscamento

R = valor da conicidade incremental no eixo "X" (rosca cônica)

F = passo da rosca

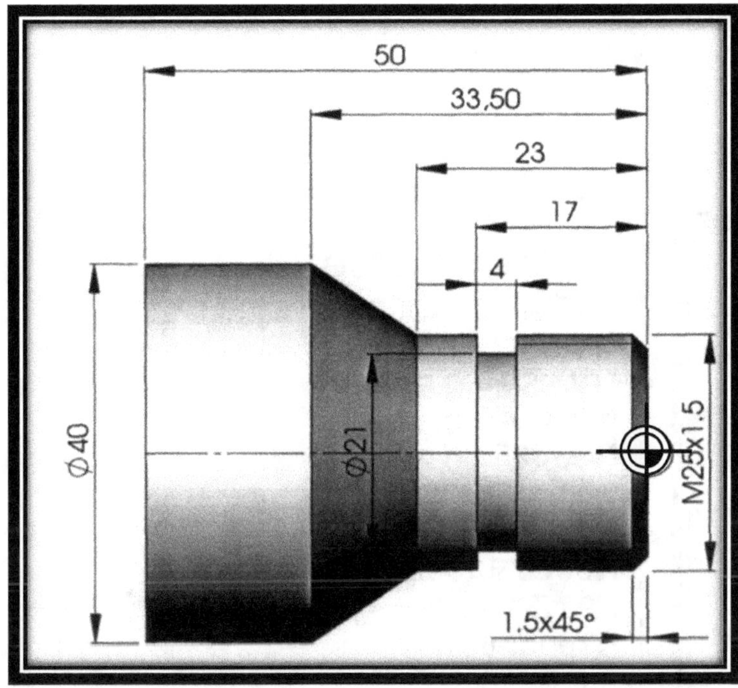


```
N05 G291
N10 G21G40G90G95
N20 G54
N30 G0 X200 Z200
N40 T03D1 (ROSCA M25X1.5)
N50G97S1500M4
N60 G0 X30 Z3
N70 G78X24.2Z-15F1.5
N80 X23.6
N90 X23.2
N100 X23.05
N110 G0 X200 Z200
N120 M30
```

Profundidades no exemplo:
1° passe = 0.8mm
2° passe = 0.6mm
3° passe = 0.4mm
4° passe = 0.15mm

Cálculos:

1°) Altura do filete (P):
P = (0.65 x passo)
P = (0.65 x 1.5)
P = 0.975

2°) Diâmetro final (X):
X = Diâmetro inicial - (P x 2)
X = 25 - (0.975 x 2)
X = 23.05

7.3 - Função: G79

A função G79 pode ser utilizada como ciclo de faceamento paralelo ao eixo "X" e como ciclo de faceamento cônico.

7.3.1 - Ciclo de faceamento paralelo

A função G79 descreve seu ciclo paralelo ao eixo "X", auxiliando nos trabalhos de desbaste como ciclo de faceamento.

A função G79, como ciclo de faceamento requer:

G79X_Z_F_

Onde:

X = diâmetro final do faceamento
Z = posição final (absoluto)
F = avanço de trabalho

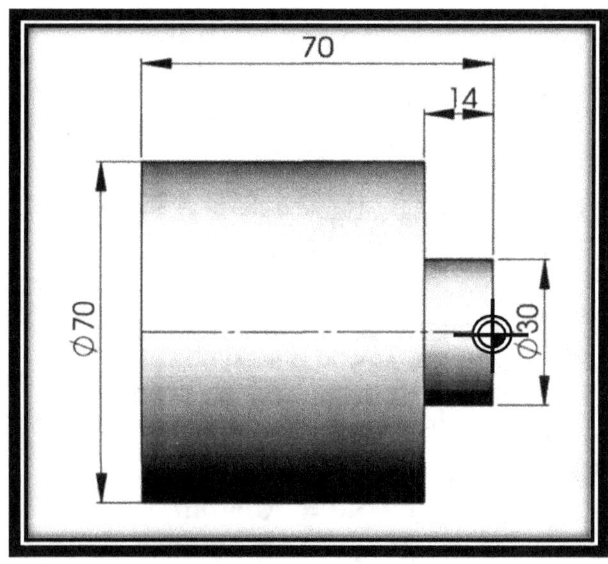


```
N05 G291
N10 G21G40G90G95
N20 G54
N25 G0 X200 Z200
N30 T01D1
N40 G96
N50 S250
N60 G92 S3500 M4
N70 G0 X74 Z0
N80G79X30Z-2F.15
N90 Z-4
N100 Z-6
N110 Z-8
N120 Z-10
N130 Z-12
N140 Z-14
N150 G0 X200 Z200
N160 M30
```

Profundidade de corte = 2 mm

7.3.2 - Ciclo de faceamento cônico

A função G79, como ciclo de faceamento cónico, requer:

G79 X_ Z_ R_ F_

Onde:

X = diâmetro final do faceamento
Z = posição final (absoluto)
R = conicidade incremental (negativo para externo e positivo para interno)
F = avanço de trabalho

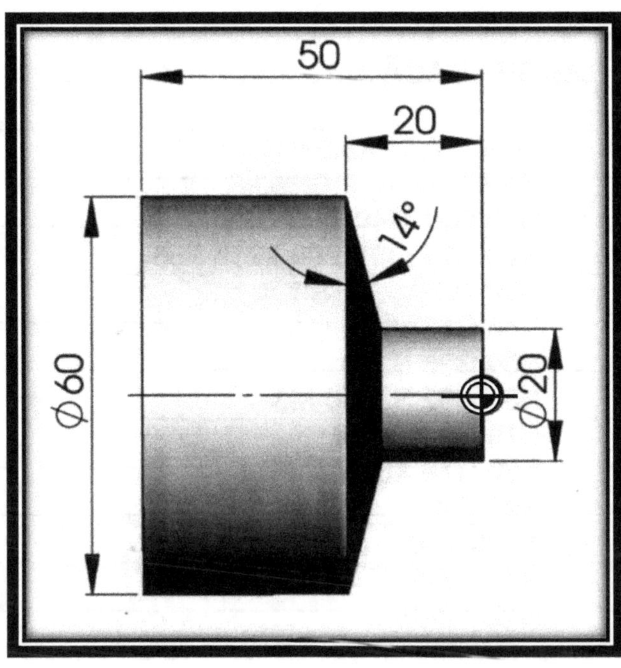


```
N05 G291
N10 G21G40G90G95
N20 G54
N25 G0 X170 Z200
N30T01D1
N40 G96
N50 S220
N60 G92 S3800 M4
N70 G0 X64 Z5.485
N80 G79 X20 Z2.485 R-5.485 F. 15
N90 Z-1.485
N100 Z-4.485
N110 Z-7.485
N120 Z-10.485
N130 Z-13.485
N140Z-15.013
N150 G0 X170 Z200
N160 M30
```

Profundidade de corte = 3 mm

Cálculo da conicidade:

tg α = Cat.Oposto / Cat. Adjacente
Cat. Oposto = tg 14° x 22
Cat. Oposto = 0.2493 x 22
Cat. Oposto = 5.485

Anotações:

Capítulo 8

Ciclos para Furação

8.1-Função: G80

Aplicação : Cancela os ciclos da série G80

Esta função é utilizada para cancelar os ciclos da série G80, ou seja, do G83 ao G84.

8.2-Função: G83

Aplicação : Ciclo de furacão

Este ciclo permite executar furos com descarga de cavacos e também programar um tempo de permanência no ponto final da furacão, visto a seguir:

G83 Z_ Q __ (P_) (R_) F_

Onde:

Z = Posição final do furo (absoluto)

Q = Valor do incremento (incremental / milesimal)

P = Tempo de permanência ao final de cada incremento (milésimos de segundo)

R = Plano de referência para início de furacão (incremental)

F = Avanço

Observações:
- Após a execução do ciclo a ferramenta retorna ao ponto inicial.
- Se "R" não for programado o inicio da furacão será executada a partir do "Z" de aproximação.

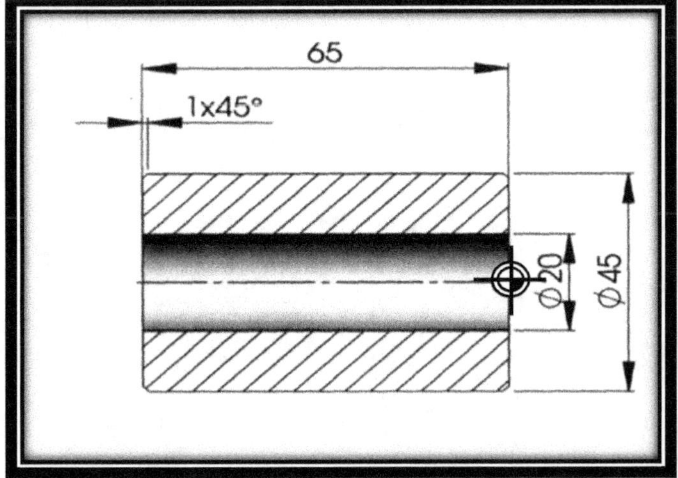


```
N05 G291
N10 G21G40G90G95
N20 G54
N25 G0 X100 Z200
N30 T01D1
N40 G97
N50S1500M3
N60 G0 X0 Z3
N70 G83 Z-70 Q15000P1500R-2F0.12
N80 G80
N90 G0 X100 Z200
N100 M30
```

8.3-Função :G84

Aplicação : Ciclo de roscamento com macho rígido

Este ciclo permite abrir roscas com macho, utilizando fixação rígida, ou seja, sem suporte flutuante. Para isso deve-se programar:

G97 S500 M3

M29

G84 Z_ F _

Onde:

M29 = ativa roscamento com macho rígido

Z = posição final da rosca

F = passo da rosca

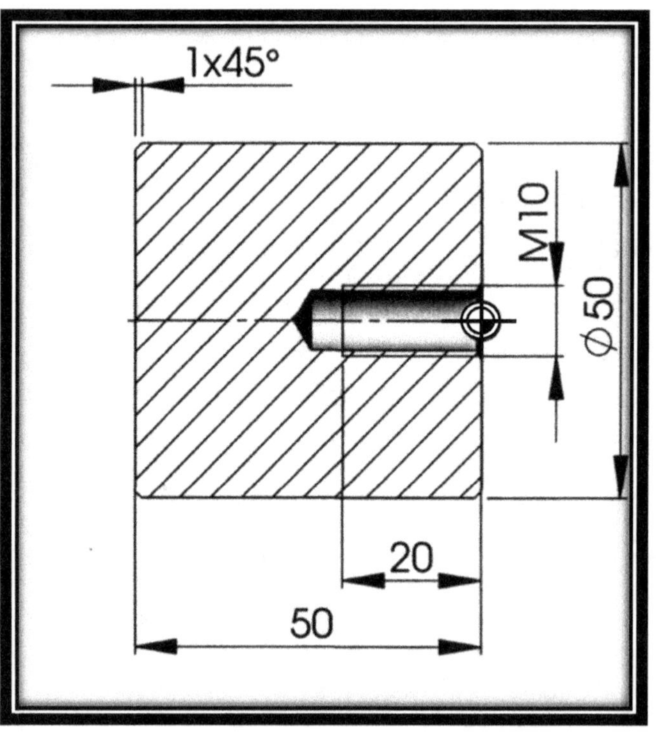


```
N05 G291
N10 G21G40G90G95
N20 G54
N25 G0X100Z200
N30 T01D1
N40 G97
N50 S500 M3
N60 G0 X0 Z4
N70 M29
N80G84Z-20F1.5
N90 G80
N90 G X100 Z200
N100 M30
```

Anotações:

Capítulo 9

Referência de Trabalho

A Referência de Trabalho, também conhecida como Zero-Peça, corresponde ao ponto que serve de origem para o sistema de coordenadas absolutas, ou seja, é o ponto da peça referenciado como "X0" e "Z0".

Em alguns casos são utilizados mais que uma referência de trabalho num mesmo programa, com o intuito de facilitar a programação de determinadas peças.

Exemplo: para programar a usinagem dos dois lados de uma peça num mesmo programa recomenda-se usar dois zero-peças para que o programador não tenha que se preocupar com alguns elementos, tais como sobremetal dos dois lados do material, diferentes encostos de castanha, etc.

NOTA: *Em geral as máquinas podem ser referenciados com até seis zero-peças, os quais devem ser feitos manualmente durante o processo de preparação da máquina. São eles: G54, G55, G56, G57, G58 e G59.*

EXEMPLO:

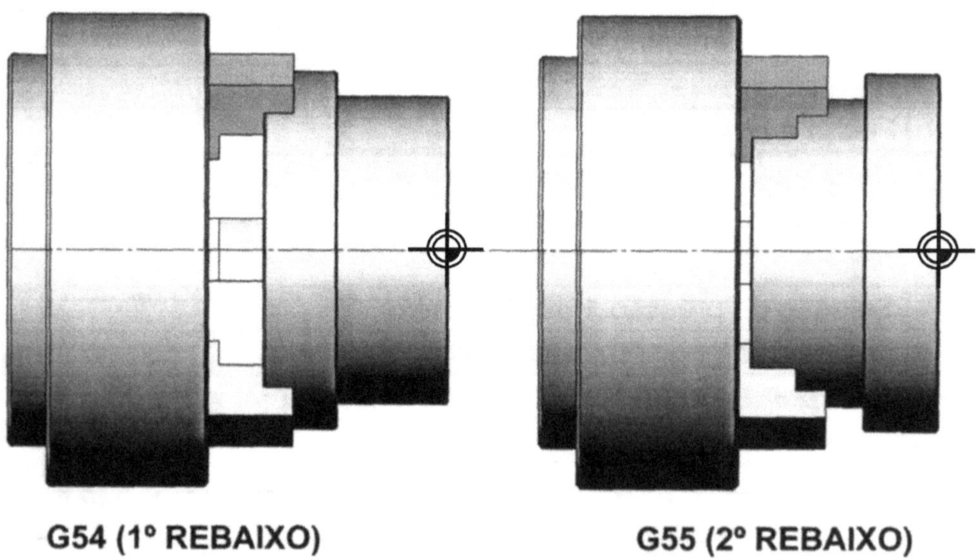

G54 (1° REBAIXO) **G55 (2° REBAIXO)**

Os valores da família G54 devem ser digitados na página "OFFSET PARAM" através da softkey "DESLOCAM. PTO. ZERO".

A função G53 cancela os valores determinados pelas funções G54 a G59, retornando-os ao ponto zero máquina "M".

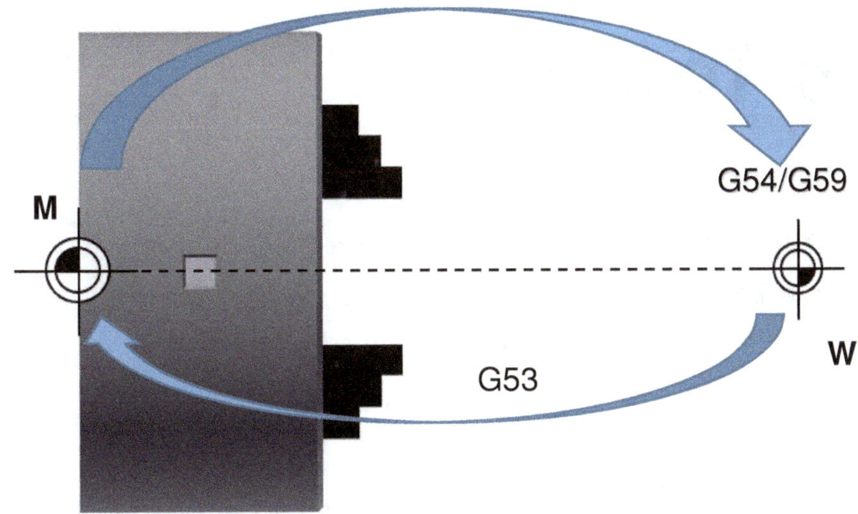

O ponto zero peça "W" como origem do sistema de coordenadas da peça (X0,Z0), pode ser definido na face de encosto da castanha (fig.1) ou na face da própria peça (fig.2),sendo chamado no programa através das funções G54 a G59 definido pelo programador, e determinado na máquina pelo operador na preparação da mesma.

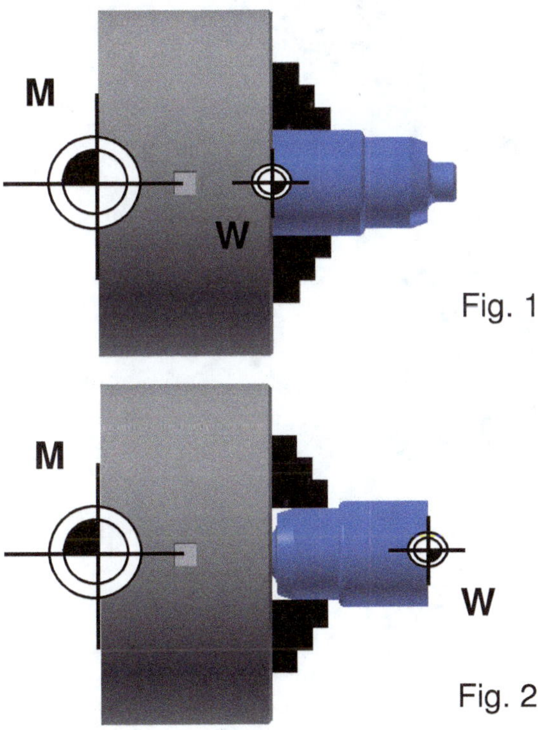

Fig. 1

Fig. 2

Capítulo 10

Operação do Torno CNC

A operação do Comando SIEMENS será baseada no torno CNC da marca Veker, modelo LVK – 175, com comando SIEMENS 802D. Para outros tornos CNC com comando SIEMENS, a operação é bastante silmilar ao processo desenvolvido neste livro.

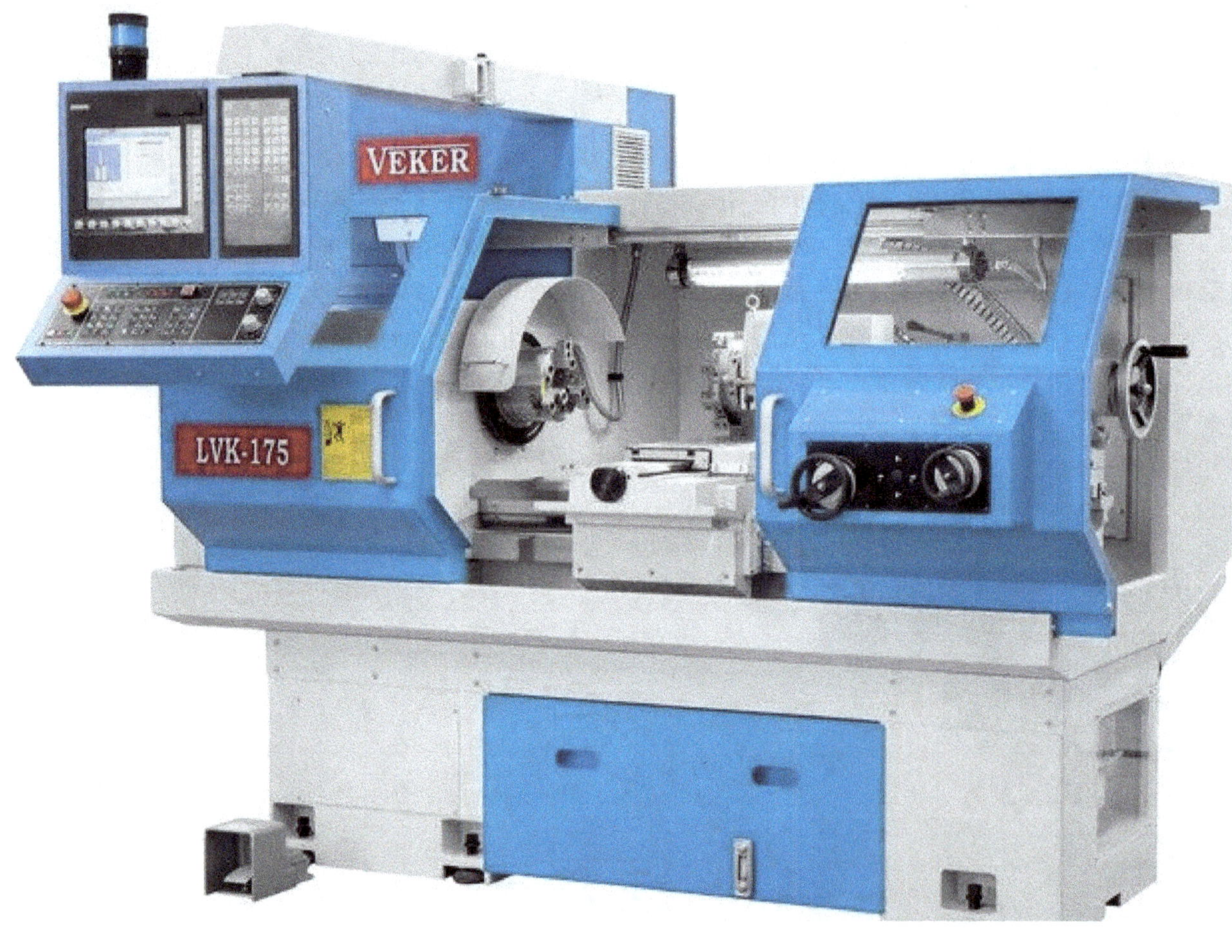

10.1 – Painel de comando

Neste tópico serão listados todas as funções das teclas do painel de comando.

10.1.1 – Painel de Comanado – CNC SIEMENS 802D

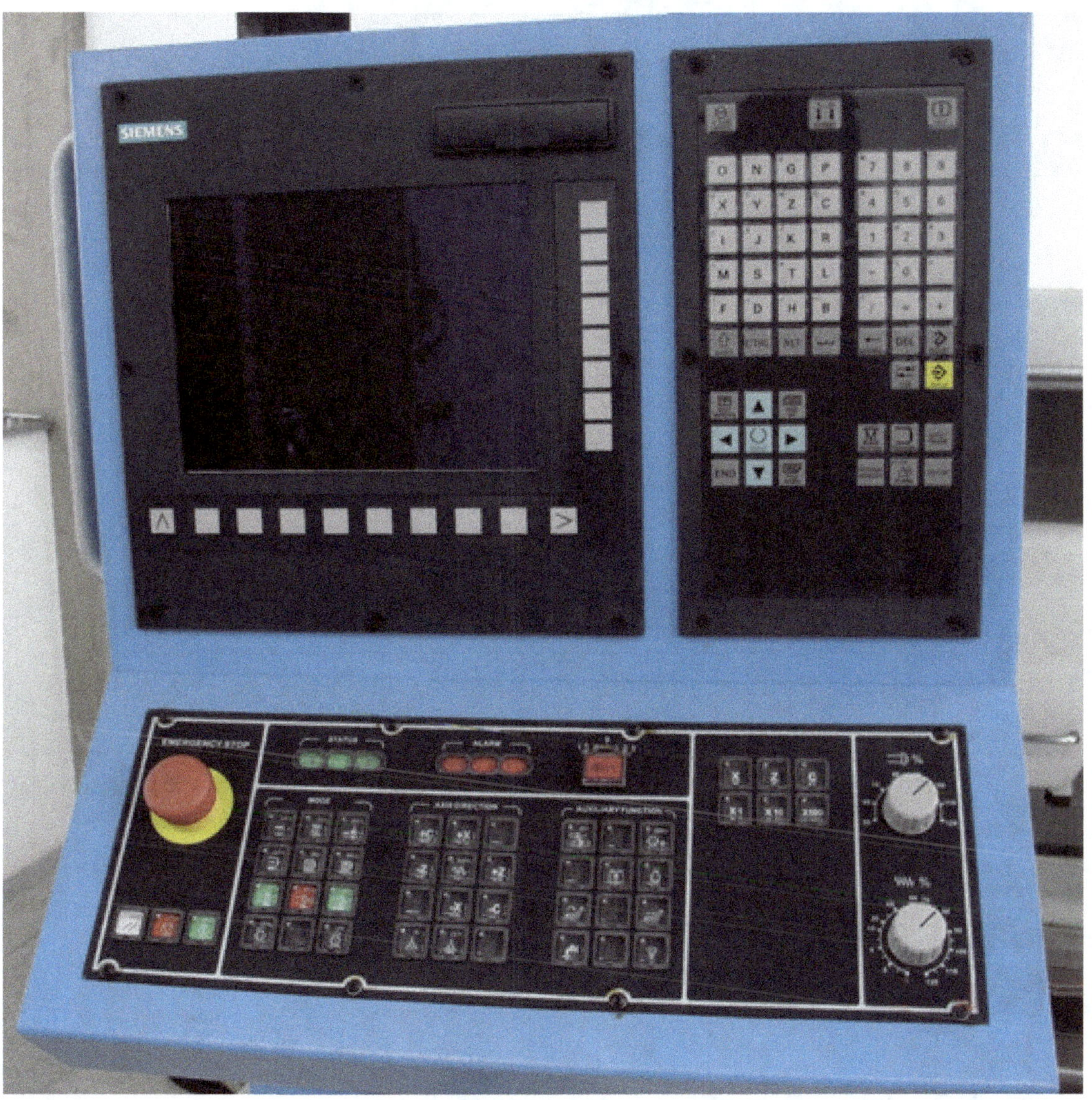

10.1.2 – Painel de Comando (Descrição das Teclas)

Tecla	Descrição
HELP	Acesso a tela de ajuda, tais como: operação de máquina ou detalhes de um alarme que ocorreu no CNC.
PROGRAM MANAGER	Acesso os diretórios de programa.
OFFSET PARAM	Acesso a tela de corretores de ferramentas e a página de definições.
CUSTOM	Sem função.
SHIFT	Habilita a segunda função das teclas.
DEL	Apaga caracter no programa.
SYSTEM/ ALARM	System: Acesso a tela de parâmetros e senhas. Alarm: Acesso a tela de alarmes e mensagens.

PROGRAM	Acesso ao último programa aberto.
INPUT	É utilizada para aceitação de um valor editado, abrir e fechar diretório ou abrir um ficheiro.
SELECT	Tecla de seleção.
POSITION	Acesso a página de posição dos eixos / operação.
INSERT	Tecla para introdução de caracter no programa e dados.
TAB	Função auxiliar.
CTRL	Função auxiliar.
ALT	Função auxiliar.
␣	Tecla para inserir espaços entre o caracteres e os números.
BACK SPACE	Tecla para apagar o último caracter ou símbolo que foi digitado.
END	Utilizado para levar o cursor até o final da linha na edição de programas.
ALARM CANCEL	Utilizado para cancelar alguns alarmes de softwares.
NEXT WINDOW	Não utilizado.
CHANNEL	Não utilizado.

10.1.3 – Painel de Comando (Teclas de Operação)

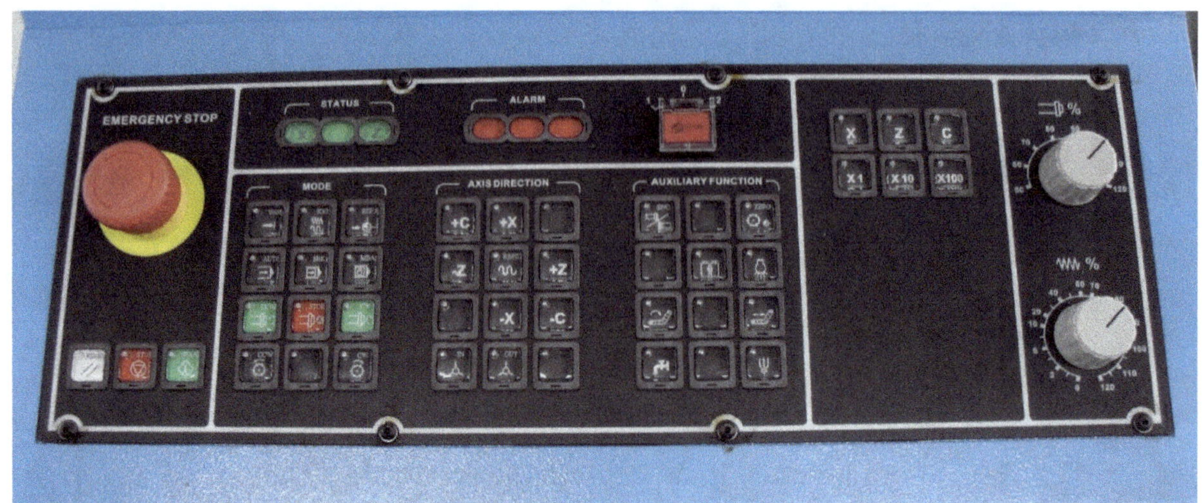

VAR	Seleção do incremento (1x,10x,100x) no modo manivela.
JOG	Habilita o modo de operação manual.
REF POINT	Habilita o modo de referência da máquina.
AUTO	Modo automático.
SINGLE BLOCK	Habilita e desabilita a execução do programa bloco a bloco.
MDA	Habilita o modo entrada de dados no modo manual.
SPINDLE LEFT	Liga a rotação do eixo árvore no sentido anti-horário.
SPINDLE STOP	Desliga a rotação do eixo árvore.
SPINDLE RIGHT	Liga a rotação do eixo árvore no sentido horário.
RAPID	Habilita os avanços dos eixos X e Z em modo rápido.
- X	Movimenta em jog o eixo X no sentido negativo.
+ X	Movimenta em jog o eixo X no sentido positivo.

-Z	Movimenta em jog o eixo Z no sentido negativo.
+Z	Movimenta em jog o eixo Z no sentido positivo.
CCW	Gira a torre no sentido negativo.
CW	Gira a torre no sentido positivo.
RESET	Cancelar um alarme ou interromper um programa em ciclo automático.
%	Seletor de rotação do eixo árvore. Varia de 50% a 120%.
%	Seletor de avanço. Varia de 1% a 120%.
	PARADA DE EMERGÊNCIA.

10.2- Operações iniciais

Neste tópico serão listados todos os tipos de operações com o comando.

10.2.1 -Ligar a máquina

- Ligar chave geral posicionando a alavanca em "ON".
- Desativar botão de emergência .
- Pressionar o botão "RESET".

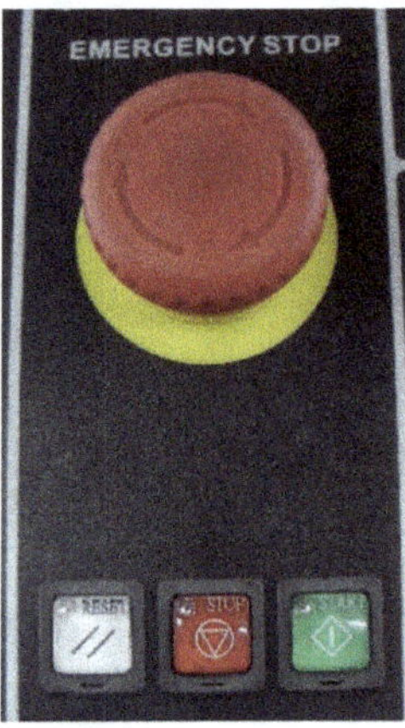

10.2.2- Desligar a máquina

- Acionar o botão de emergência.
- Desligar a chave geral.

10.2.3- Referenciar a máquina

- Acionar a tecla "REF POINT".
- Acionar o botão "CYCLE START".

10.2.4- Movimentar os eixos em jog contínuo

- Acionar a tecla "JOG" (A).
- Acionar a tecla "POSITION".
- Acionar tecla de movimento dos eixos X+, X-, Z+ ou Z-.
- Caso desejar um deslocamento rápido, acionar simultaneamente a tecla do eixo desejado, e "RAPID" (B).

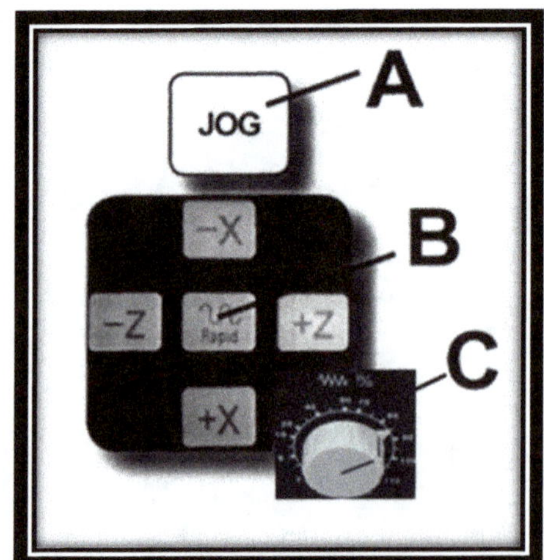

Observação:
- Pode-se variar a velocidade de deslocamento dos eixos através do seletor de avanços (C).

10.2.5 - Movimentar os eixos através da manivela eletrônica

- Acionar a tecla "POSITION".
- Acionar a tecla "JOG".
- Acionar a tecla "VAR" selecionando (" x 1" ou "x 10" ou "x 100 ").
- Executar o movimento dos eixos girando a manivela e observando o sentido do giro da mesma (positivo + ou negativo -).

NOTA: Para alternar a visualização das coordenadas de máquina (MCS), coordenadas relativas (REL) ou coordenadas da peça (WCS) deve-se:

- Acionar a tecla "POSITION".
- Acionar a tecla "JOG".
- Apertar a softkey *[MCS/WCS/REL].*
- Selecionar a coordenada desejada: REL (coordenada relativa), WCS (coordenada de peça) ou MCS (coordenada de máquina).

10.2.6 - Operar o comando via m.d.a. (entrada manual de dados)

- Acionar a tecla "POSITION".
- Acionar a tecla "MDA".
- Acionar a tecla " RESET".
- Apertar a softkey *[APAGAR PROGR. MDA].*
- Digitar as instruções desejadas:
- Exemplo:
  N10 T01D1 (seleciona a ferramenta 01)
- Apertar a tecla "INPUT".
  N20 G97 S1000 M4 (liga o eixo-árvore no sentido anti-horário com 1000 RPM).
- Apertar a tecla "INPUT".
- Acionar a tecla "CYCLE START".

Observação: Acionando-se a tecla "RESET" a operação é cancelada.

10.3 - Edição de programas

Neste tópico serão abordados assuntos sobre a edição de programas.

10.3.1 - Criar um programa novo

- Apertar a tecla "PROGRAM MANAGER".
- Apertar a softkey *[DIRETÓRIO NC].*
- Utilizar o direcional (⬆⬇) para posicionar o cursor sobre o diretório desejado (ex: programas principal - MPF).
- Apertar a tecla "INPUT".
- Apertar a softkey *[NOVO].*
- Apertar a softkey *[ARQUIVO NOVO].*
- Digitar o nome do programa (no máximo 28 caracteres).

- Apertar a softkey *[OK]*.
- Digitar o programa.

10.3.2 - Acessar um programa existente no diretório

- Apertar a tecla "PROGRAM MANAGER".
- Apertar a softkey *[DIRETÓRIO NC]*.
- Utilizar o direcional (⬆⬇) para posicionar o cursor sobre o diretório desejado (ex: programas principais - MPF).
- Apertar a Tecla "INPUT".
- Posicionar o cursor sobre o programa a ser selecionado.
- Apertar a Tecla "INPUT".

10.3.3 - Inserir dados no programa

- Selecionar programa desejado.
- Acionar as teclas "PAGE" e/ou o direcional (⬆⬇) colocando o cursor na posição em que serão inseridas as informações desejadas.
- Digitar o programa e apertar a tecla "INPUT" para trocar de linha.

10.3.4 - Procurar um dado no programa

- Selecionar o programa.
- Apertar a softkey *[PROCURAR]*.
- Digitar o dado a ser procurado. Exemplo: X100.
- Acionar a softkey *[OK]*.

10.3.5 - Alterar dados no programa

- Selecionar o programa desejado.
- Utilizar o direcional (⬆⬇) para posicionar o cursor sobre o dado a ser alterado.
- Apertar a tecla "DEL" para apagar as informações que estão à frente do cursor, e/ou apertar a tecla "BACKSPACE" para apagar as informações que estão atrás do mesmo.
- Digitar as informações corretas.

10.3.6 - Excluir blocos do programa

- Selecionar o programa desejado.
- Posicionar o cursor no primeiro bloco "N" da sequência a ser excluída.
- Apertar a softkey *[MARCAR BLOCOS]*.
- Utilizar o direcional (⬆⬇) para selecionar os blocos a serem apagados.
- Apertar a softkey *[APAGAR]*.

10.3.7 - Excluir um programa do diretório

- Apertar a tecla "PROGRAM MANAGER".
- Apertar a softkey *[DIRETÓRIO NC]*.
- Utilizar o direcional (⬆⬇) para posicionar o cursor sobre o programa a ser excluído.
- Apertar a softkey *[APAGAR BLOCO]*.
- Apertar a softkey *[OK]*.

10.3.8 - Renomear um programa

- Apertar a tecla "PROGRAM MANAGER".
- Apertar a softkey *[DIRETÓRIO NC]*.
- Utilizar o direcional (⬆⬇) para posicionar o cursor sobre o programa a ser renomeado.
- Apertar a softkey *[CONTINUAR...]*.
- Apertar a softkey *[RENOMEAR]*.
- Digitar o novo nome do programa.
- Apertar a softkey *[OK]*.

10.3.9 - Cópia de um programa para outro

- Apertar a tecla "PROGRAM MANAGER".
- Apertar a softkey *[DIRETÓRIO NC]*.
- Utilizar o direcional (⬆⬇) para posicionar o cursor sobre o programa a ser copiado.
- Apertar a tecla "INPUT"
- Apertar a softkey *[EDITAR]*.
- Posicionar o cursor no bloco de início da cópia.
- Apertar a softkey *[MARCAR BLOCOS]*.
- Utilizar o direcional (⬆⬇) para selecionar os blocos a serem copiados.
- Apertar a softkey *[COPIAR BLOCO]*.
- Apertar a tecla "PROGRAM MANAGER".
- Utilizar o direcional (⬆⬇) para posicionar o cursor sobre o programa que receberá a informação copiada.
- Apertar a tecla "INPUT".
- Apertar a softkey *[INSERIR BLOCO]*.

10.4 - Teste de programas

Neste tópico serão abordados assuntos sobre teste e execução de programas.

10.4.1 - Teste de programas sem o movimento dos eixos

Para efetuar todo o trabalho de teste da máquina, é necessário que se coloque a mesma em alguns modos específicos de operação, como por exemplo: Teste rápido (DRY RUN), ou Teste de programa (PRT).

10.4. 2 - Executar teste de programa com avanço de trabalho

- Apertar a tecla "PROGRAM MANAGER".
- Utilizar o direcional (⬆⬇) para posicionar o cursor sobre o programa desejado.
- Apertar a Tecla "INPUT".
- Apertar a softkey *[EXECUTAR].*
- Apertar a tecla "POSITION".
- Acionar a tecla "AUTO".
- Apertar a softkey *[CONTROLE PROGRAMA].*
- Apertar a softkey *[TESTE DE PROGRAMA]* até que a opção PRT fique selecionada no painel da máquina.
- Apertar a softkey *[AVANÇO DE ENSAIO]* até desativar a opção DRY do painel da máquina.
- Apertar a softkey *[VOLTAR].*
- Acionar a tecla "CYCLE START".

10.4.3 - Executar teste rápido de programa

- Apertar a tecla "PROGRAM MANAGER".
- Utilizar o direcional (⬆⬇) para posicionar o cursor sobre o programa desejado.
- Apertar a Tecla "INPUT".
- Apertar a softkey *[EXECUTAR].*
- Apertar a tecla "POSITION".
- Acionar a tecla "AUTO".
- Apertar a softkey *[CONTROLE PROGRAMA].*
- Apertar a softkey *[TESTE DE PROGRAMA]* até que a opção PRT fique selecionada no painel da máquina.
- Apertar a softkey *[AVANÇO DE ENSAIO]* até que a opção DRY fique seleccionada no painel da máquina.
- Apertar a softkey *[VOLTAR].*
- Acionar a tecla "CYCLE START".

NOTA: Depois de serem efetuados todos os testes é necessário desabilitar as funções "DRY" e "PRT" para que o programa possa ser executado normalmente.

10.4.4 - Executar teste de programa em modo de avanço de ensaio (avanço rápido - Dry)

- Apertar a tecla "PROGRAM MANAGER".
- Utilizar o direcional (⬆⬇) para posicionar o cursor sobre o programa desejado.
- Apertar a Tecla "INPUT".
- Apertar a softkey *[EXECUTAR].*
- Apertar a tecla "POSITION".
- Acionar a tecla "AUTO".
- Apertar a softkey *[CONTROLE PROGRAMA].*
- Apertar a softkey *[TESTE DE PROGRAMA]* até desativar a opção PRT do painel da máquina.
- Apertar a softkey *[AVANÇO DE ENSAIO]* até que a opção DRY fique selecionada no painel da máquina.
- Apertar a softkey *[VOLTAR].*
- Acionar a tecla "CYCLE START".

NOTA: Depois de serem efetuados todos os testes é necessário desabilitar as funções "DRY" e "PRT" para que o programa possa ser executado normalmente.

10.4.5 - Teste Gráfico

O objetivo deste teste é verificar se o perfil da peça está correto, pois através deste podemos observar todo o percurso que a ferramenta iria desenvolver durante aquela usinagem. Para executar este teste, deve-se seguir:

- Apertar a tecla "POSITION".
- Acionar a tecla "AUTO".
- Apertar a softkey *[CONTROLE DE PROGRAMA].*
- Apertar a softkey *[TESTE DE PROGRAMA]* até que a opção PRT fique selecionada no painel da máquina.
- Apertar a softkey *[AVANÇO DE ENSAIO]* até que a opção DRY fique selecionada no painel da máquina.
- Apertar a softkey *[VOLTAR].*
- Apertar a softkey *[SIMULAÇÃO REAL-TIME].*
- Acionar a tecla "CYCLE START".

Quando a máquina efetua uma simulação gráfica o zoom é ajustado automaticamente, para modificá-lo deve-se:

- Utilizar o direcional (↑↓) para posicionar o cursor (+) sobre o perfil que se deseja ampliar ou reduzir.
- Apertar a softkey *[ZOOM +]* para ampliar, ou a softkey *[ZOOM -]* para reduzir o perfil.

NOTA: Depois de serem efetuados todos os testes é necessário desabilitar as funções "DRY" e "PRT" para que o programa possa ser executado normalmente.
O percurso visualizado em casos de compensação do raio da ferramenta (durante o comando G41, G42 ou G70) representa o centro do raio da mesma.

10.5 - Criar /apagar ferramentas

Para efetuar todo o trabalho de preparação e zeramento das ferramentas (processo conhecido como "SETUP") é necessário que as mesmas já estejam criadas na página de "OFFSET PARAM".

Os passos dos capítulos a seguir descrevem como criar ferramenta, apagar ferramenta e criar um corretor.

10.5.1 - Procedimento para criar ferramenta

- Apertar a tecla "OFFSET PARAM."
- Apertar a softkey *[LISTA DE FERRAMENTAS].*
- Apertar a softkey *[FERRAMEN. NOVA].*
- Apertar a softkey *[FERR. DE TORNEAM.].*
- Digitar o número da ferramenta.
- Ex:01
- Apertar a softkey *[OK].*

10.5.2 - Procedimento para apagar ferramenta

- Apertar a tecla "OFFSET PARAM."
- Apertar a softkey *[LISTA DE FERRAMENTAS].*
- Posicionar o cursor na ferramenta a ser apagada.
- Apertar a softkey *[APAGAR FERRAM.].*
- Apertar a softkey *[OK].*

NOTA: *Ao apagar ferramenta todos os corretores da mesma são apagados automaticamente.*

10.5.3 - Procedimento para criar novo corretor

- Apertar a tecla "OFFSET PARAM."
- Apertar a softkey *[LISTA DE FERRAMENTAS].*
- Posicionar o cursor na ferramenta a ser adicionado um novo corretor.
- Apertar a softkey *[CORRETOR].*
- Apertar a softkey *[CORRETOR NOVO].*

Observação:
- Para alternara visualização dos corretores da ferramenta deve-se apertar a softkey [D>>] e a softkey [<<D].

10.6 - Zeramento de ferramentas

O zeramento de ferramentas (também chamado de preset) é um processo cujo objetivo é especificar para a máquina quais são os comprimentos das ferramentas. Para isso deve-se ter algum dispositivo de referência (geralmente a face da torre) para que assim se possa comparar as distâncias entre as pontas das ferramentas e esse dispositivo de referência, nos eixos X e Z.

10.6.1 - Raio e quadrante (lado de corte) da ferramenta

Antes de zerar as ferramentas em " X " e em " Z ", é necessário informar o valor do RAIO e do QUADRANTE no corretor de cada uma delas. Para isso devemos:

- Apertar a tecla "OFFSET PARAM."
- Apertar a softkey *[LISTA DE FERRAMENTAS].*
- Utilizar o direcional (➡ ⬅ ⬆ ⬇) para posicionar o cursor na coluna "RAIO" (que fica posicionada na tabela de geometria) da ferramenta cujo o raio será informado.
- Digitar o valor do raio da ferramenta.
- Apertar a tecla " INPUT".
- Utilizar o direcional(➡ ⬅ ⬆ ⬇) para posicionar o cursor no campo da ferramenta cujo o lado de corte será informado.
- Digitar o valor do lado de corte.
- Apertar a tecla " INPUT".

10.6.2 - Preparação para zeramento no eixo " Z "

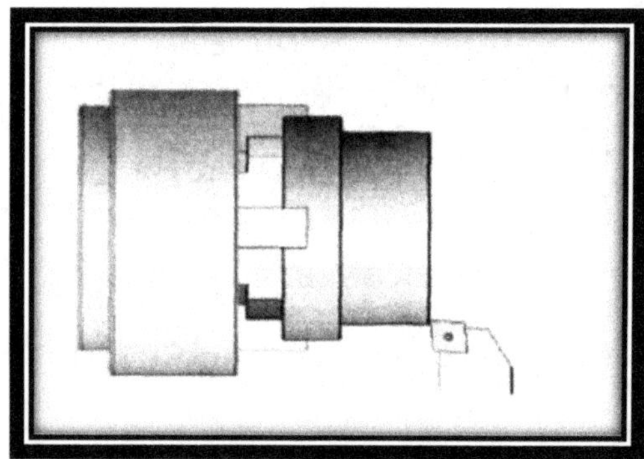

a) Afastar a torre até uma distância segura para a troca da ferramenta.

- Apertar a tecla " POSITION ".
- Acionar a tecla" JOG ".
- Acionar a tecla "VAR" selecionando (" x 1" ou "x 10" ou "x 100 ").
- Executar o movimento dos eixos girando a manivela e observando o sentido do giro da mesma (positivo + ou negativo -).
- Afastar a torre até uma distância segura para a troca da ferramenta.

b) Selecionar uma posição vazia, isto é, uma posição que não tenha ferramentas na torre, via MDA.

- Apertar a tecla " POSITION ".
- Acionar a tecla " MDA".
- Acionar a tecla " RESET".
- Apertar a softkey *[APAGAR PROGR. MDA].*
- Digitar o comando para selecionar a posição vazia.
- Exemplo:

T03D1 (seleciona a posição 03).

- Apertar a tecla "INPUT".
- Apertar a tecla " CYCLE START".

c) Tocar a face da torre numa face que será usada como referência, por exemplo: a face da placa, a face da peça, a castanha ou um calço retificado.

- Apertar a tecla " POSITION ".
- Acionar a tecla " JOG ".
- Acionar a tecla "VAR" selecionando (" x 1" ou "x 10" ou "x 100 ").
- Executar o movimento dos eixos girando a manivela e observando o sentido do giro da mesma (positivo + ou negativo -).
- Encostar a torre na face usada como referência.

d) Fazer o" referenciamento" da torre.
- Apertar a tecla " POSITION ".
- Acionar a tecla " MDA".
- Acionar a tecla " RESET".
- Apertar a softkey *[APAGAR PROGR. MDA].*
- Digitar o comando: G54G92Z0
- Apertar a tecla "INPUT".
- Apertar a tecla " CYCLE START".
- Acionar a tecla " RESET".

10.6.3 - Zeramento no eixo " Z "

a) Afastar a torre até uma distância segura para a troca da ferramenta.
- Apertar a tecla " POSITION ".
- Acionar a tecla " JOG ".
- Acionar a tecla "VAR" selecionando (" x 1" ou "x 10" ou "x 100 ").
- Executar o movimento dos eixos girando a manivela e observando o sentido do giro da mesma (positivo + ou negativo -).
- Afastar a torre até uma distância segura para a troca da ferramenta.

b) Selecionar a ferramenta à ser referenciada via MDA.
- Apertar a tecla " POSITION ".
- Acionar a tecla" MDA".
- Acionar a tecla " RESET".
- Apertar a softkey *[APAGAR PROGR. MDA].*
- Digitar o comando para selecionar a ferramenta à ser zerada.
  Exemplo:
  T04D1 (seleciona a ferramenta 04)
- Apertar a tecla "INPUT".
- Apertar a tecla " CYCLE START".

c) Tocar a ponta da ferramenta na face usada como referência.
- Apertar a tecla " POSITION ".
- Acionar a tecla " JOG ".
- Acionar a tecla "VAR" selecionando (" x 1" ou "x 10" ou "x 100 ").
- Executar o movimento dos eixos girando a manivela e observando o sentido do giro da mesma (positivo + ou negativo -).
- Encostar a ferramenta na face usada como referência.

d) Zerar a ferramenta.

- Apertar a softkey *[MEDIÇÃO FERRAM.]*.
- Apertar a softkey *[MEDIÇÃO MANUAL]*.
- Apertar a softkey [COMPR. 2].
- Utilizar o direcional (⬆⬇) para posicionar o cursor sobre o campo "Distância".
- Digitar "0".
- Apertar a tecla "INPUT".
- Utilizar o direcional (⬆⬇) para posicionar o cursor sobre o campo que aparece à frente do campo" Z0 ".
- Utilizar a tecla U "SELECT" para selecionar a opção " G54 ".
- Acionar a softkey *[DEFINIR COMPRIMENTO 2]*.
- Apertar duas vezes a softkey [VOLTAR].
- Acionar a tecla " RESET".

Repetir os procedimentos a, b, c, d para todas as ferramentas a serem utilizadas.

NOTA: *Toda vez que necessitar refazer o zeramento do eixo "Z" (movendo o ponto de referência flutuante ou substituindo a ferramenta da torre) deve-se seguir todo o procedimento a partir do capítulo 10.6.1.*

10.6.4 - Zeramento no eixo " X "

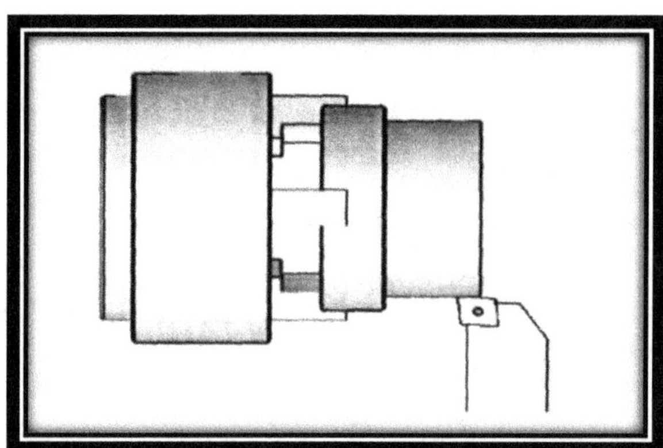

- Medir o diâmetro da peça que será usado como referência.

a) Afastar a torre até uma distância segura para a troca da ferramenta:

- Apertar a tecla " POSITION ".
- Acionar a tecla " JOG ".
- Acionar a tecla "VAR" selecionando (" x 1" ou "x 10" ou "x 100 ").
- Executar o movimento dos eixos girando a manivela e observando o sentido do giro da mesma (positivo + ou negativo -).
- Afastar a torre até uma distância segura para a troca da ferramenta.

b) Selecionar a ferramenta à ser zerada via MDA.

- Apertar a tecla " POSITION ".
- Acionar a tecla " MDA".

- Acionar a tecla " RESET".
- Apertar a softkey *[APAGAR PROGR. MDA]*.
- Digitar o comando para selecionar a ferramenta à ser zerada.

Exemplo:
T01D1 (seleciona a ferramenta 01)

- Apertar a tecla " INPUT".
- Acionar a tecla " CYCLE START".

c) Tocar a ponta da ferramenta no diâmetro medido.

- Apertar a tecla " POSITION ".
- Acionar a tecla " JOG ".
- Acionar a tecla "VAR" selecionando (" x 1" ou "x 10" ou "x 100 ").
- Executar o movimento dos eixos girando a manivela e observando o sentido do giro da mesma (positivo + ou negativo -).
- Encostar a ferramenta no diâmetro usado como referência, girando a manivela e observando o sentido do giro da mesma (positivo + ou negativo -).

d) Zerar a ferramenta.

- Apertar a softkey *[MEDIÇÃO FERRAM.]*.
- Apertar a softkey *[MEDIÇÃO MANUAL]*.
- Utilizar o direcional (⬆⬇) para posicionar o cursor sobre o campo" 0".
- Digitar o valor do diâmetro da peça.
  Exemplo: 50
- Apertar a tecla "INPUT".
- Apertar a softkey *[SALVAR POSIÇÃO]*.
- Apertar a softkey *[DEFINIR COMPRIMENTO 1]*.
- Apertar duas vezes a softkey *[VOLTAR]*.
- Apertar a tecla "RESET".

Repetir os procedimentos a, b, c, d para todas as ferramentas a serem utilizadas.

10.6.5 - Correção de desgaste da ferramenta

Toda ferramenta sofre progressivo desgaste quando em atrito com o material sendo removido, assim, quando se tratar de ferramenta destinada à calibração torna-se necessário corrigir tal desgaste para manter o nível de qualidade do produto no aspecto dimensional.

- Acionar tecla " OFFSET PARAM ".
- Acionar a softkey *[LISTA DE FERRAM.]*.
- Utilizar o direcional (⬆⬇) para posicionar o cursor na ferramenta à ser corrigida, dentro da coluna "DESGASTE".
- Apertar a tecla " = " (sinal de igual).
- Digitar o valor a ser corrigido observando o sinal a ser utilizado.
- Exemplo: - 0.02.
- Apertar a tecla "INPUT".
- Apertar a softkey *[ATIVAR ALTERAÇÃO]*.

***NOTA:** O valor de correção no eixo "X "é informado no raio, e para se fazer uma correção neste eixo, deve-se posicionar o cursor no campo "Compr. 1".*
Para fazer uma correção no eixo "Z", deve-se posicionar o cursor no campo" Compr. 2".

10.7 - Definição do zero-peça

Neste tópico serão abordados assuntos sobre os sistemas de coordenadas de trabalho.

10.7.1 - Sistema de coordenada de trabalho (G54 a G59)

Para se definir o zero-peça utilizando o "SISTEMA DE COORDENADA DE TRABALHO" (G54 a G59), deve-se seguir o procedimento abaixo:

- Acionar a tecla " POSITION ".
- Acionar a tecla " MDA".
- Acionar a tecla " RESET".
- Apertar a softkey *[APAGAR PROGR. MDA].*
- Digitar" T" e o número de uma ferramenta já presetada a ser utilizada nesse processo.

  Exemplo: T04D1
- Apertar a tecla "INPUT".
- Acionar" CYCLE START".
- Acionar a tecla " JOG ".
- Acionar a tecla "VAR" selecionando (" x 1" ou "x 10" ou "x 100 ").
- Executar o movimento dos eixos girando a manivela e observando o sentido do giro da mesma (positivo + ou negativo -).
- Selecionar o eixo desejado (X ou Z) e movimentar os eixos até tocar a ponta da ferramenta na face da peça.
- Apertar a softkey *[VOLTAR].*
- Apertar a softkey *[MEDIÇÃO PEÇA].*
- Apertar a softkey *[Z].*
- Utilizar a tecla *(U)* "SELECT" para selecionar o zero-peça desejado (G54 - G59)
- Utilizar o direcional (➡ ⬅ ⬆⬇) para posicionar o cursor no campo "DISTÂNCIA".
- Digitar o valor = 0 para zero peça na face ou o valor = comprimento da peça para zero peça no encosto da castanha, conforme a figura abaixo.
- Apertar a softkey [SET DESL. ZERO].

O CNC calculará e definirá automaticamente o valor do zero peça.

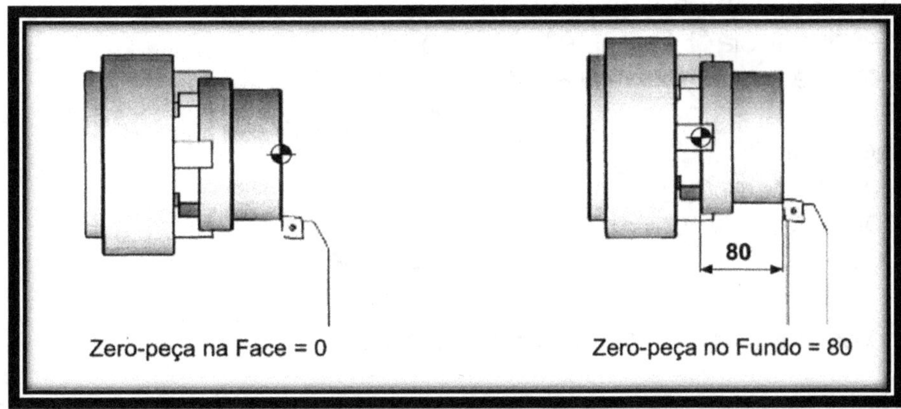

10.7.2 - Efetuar correção no sistema de coordenada de trabalho (G54 a G59)

- Acionar tecla " OFFSET PARAM ".
- Acionar o softkey *[DESLOCAM. PTO. ZERO]*.
- Posicionar o cursor no campo desejado (G54 à G59) (sempre em "Z").
- Apertar a tecla " = " (sinal de igual).
- Digitar o valor a ser corrigido observando o sinal a ser utilizado.
- Exemplo: - 0.02.
- Apertar a tecla " INPUT".
- Apertar a softkey *[ATIVAR ALTERAÇÃO]*.

10.8 - Execução de programas

NOTA: Antes de executar um programa é necessário que as funções "DRY"e "PRT" estejam desabilitadas.

10.8.1 - Executar um programa da memória da máquina

Todo programa após ter sido testado estará disponível para execução em automático. Para isso deve-se:

- Apertar a tecla "PROGRAM MANAGER".
- Utilizar o direcional (⬆⬇) para posicionar o cursor sobre o programa desejado.
- Apertar a Tecla "INPUT".
- Apertar a softkey *[EXECUTAR]*.
- Acionar a tecla "AUTO".
- Acionar a tecla "RESET".
- Apertar a tecla "CYCLE START".

Observação:

- Caso queira executar o programa passo a passo, acionara tecla "SINGLE BLOCK", e para a execução de cada um dos blocos, acionar a tecla "CYCLE START".

10.8.2 - Executar um programa direto do cartão de memória

- Colocar o CompactFlash na máquina.
- Apertar a tecla "PROGRAM MANAGER".
- Apertar a softkey *[CARTÃO CF USUÁRIO].*
- Utilizar o direcional (➡ ⬅ ⬆ ⬇) para posicionar o cursor no programa a ser executado.
- Apertar a softkey *[CONTINUAR...]*
- Apertar a softkey *[EXECUÇÃO EXTERNA].*
- Acionar "CYCLE START" (iniciará a usinagem).

10.8.3 - Iniciar execução no meio de um programa

Todo programa após ter sido testado estará disponível para execução em automático. Para isso deve-se:

- Apertar a tecla "PROGRAM MANAGER".
- Utilizar o direcional (⬆ ⬇) para posicionar o cursor sobre o programa desejado.
- Apertar a Tecla "INPUT".
- Apertar a softkey *[EXECUTAR].*
- Acionar a tecla "AUTO".
- Acionar a tecla "RESET".
- Apertar a softkey [Busca de bloco].
- Utilizar o direcional(➡ ⬅ ⬆ ⬇) para posicionar o cursor no bloco de partida da execução.
- Apertar a softkey *[PARA CONTORNO].*
- Apertar a tecla "CYCLE START".

10.8.4 - Abortar a execução de um programa

- Acionar a tecla "AUTO".
- Acionar a tecla "CYCLE STOP".
- Acionar a tecla "RESET".

10.8.5 - Movimentar via jog durante a execução automática

- Acionar a tecla "CYCLE STOP".
- Acionar a tecla "JOG".
- Acionar tecla de movimento dos eixos "X+", "X-", "Z+" ou "Z-" para movimentar a torre.
- Acionar a tecla "SPINDLE STOP" (Caso seja necessário parar a placa).

10.8.6 - Retornar de jog para execução automática

- Acionar a tecla "AUTO".
- Acionar a tecla " CYCLE START".

10.8.7 - Parada opcional

Esta função causa a interrupção na execução do programa somente se a opção "M01", localizada no painel de operação da máquina, estiver acionada. Sendo assim a função M01 passa a ser equivalente a função M00, porém, caso essa opção não esteja ativa, o comando ignorará a função M01, continuando normalmente a execução do programa.

Quando dá-se a parada através deste código, deve-se pressionar o botão "CYCLE START" para continuar a execução do programa.

Para acionar a opção "M01" do painel da máquina deve-se:

- Apertar a tecla *"POSITION".*
- Apertar a tecla *"AUTO".*
- Apertar a softkey *[CONTROLE DE PROGRAMA].*
- Apertar a softkey *[PARADA CONDIC.].*
- Verificar que a opção M01 será ativada no painel da máquina.

Anotações:

Capítulo 11

Cálculos para Usinagem

11.1 - Parâmetros de corte

Parâmetros de corte são grandezas numéricas que representam valores de deslocamento da ferramenta ou da peça, adequados ao tipo de trabalho a ser executado, ao material a ser usinado e ao material da ferramenta. Os parâmetros ajudam a obter uma perfeita usinagem por meio da utilização racional dos recursos oferecidos por determinada máquina-ferramenta.

Para uma operação de usinagem, o operador considera principalmente os parâmetros:

- Velocidade de corte
- Avanço

Além desses, há outros parâmetros mais complexos tecnicamente e usados em nível de projeto:

- Profundidade de corte
- Área de corte
- Pressão específica de corte
- Força de corte
- Potência de corte

A determinação desses fatores depende de muitos fatores: o tipo de operação, o material a ser usinado, o tipo de máquina-ferramenta, a geometria e o material da ferramenta de corte.

Além disso, os parâmetros se inter-relacionam de tal forma que, para determinar um, geralmente, é necessário conhecer os outros.

11.2 - Velocidade de corte

Dependendo da operação, a superfície da peça pode ser deslocada em relação à ferramenta, ou a ferramenta é deslocada em relação à superfície da peça. Em ambos os casos, tem-se como resultado o corte, ou desbaste do material. Para obter o máximo rendimento nessa operação, é necessário que, tanto a ferramenta quanto a peça desenvolvam velocidade de corte adequada.

Velocidade de corte é o espaço que a ferramenta percorre, cortando um material dentro de um determinado tempo. Vários fatores influenciam na velocidade de corte:

- Tipo de material da ferramenta
- Tipo de material a ser usinado
- Tipo de operação que será realizada
- Condições de refrigeração
- Condições da máquina

Nas máquinas-ferramenta em que o movimento de corte é produzido pela rotação da ferramenta ou da peça, determina-se o número de rotações por minuto (n) através de cálculo, ou com auxílio de gráficos ou diagramas. Depende da velocidade de corte (vc) determinada pelas condições de usinagem e pelo diâmetro (D) da peça ou ferramenta, e é expressa em rotações por minuto: RPM.

$$N = \frac{Vc \cdot 1000}{\pi \cdot D}$$

$$Vc = \frac{\pi \cdot D \cdot N}{1000}$$

n = número de rotações por minuto da peça ou ferramenta (RPM)

v_c = velocidade de corte (m/min)

D = diâmetro da peça ou ferramenta (mm)

π = constante da circunferência (3,1416)

Embora exista uma fórmula que expressa a velocidade de corte, ela é fornecida por tabelas que compatibilizam o tipo de operação com o tipo de material da ferramenta e o tipo de material a ser usinado.

Quando o trabalho de usinagem é iniciado, é preciso ajustar a rotação da máquina-ferramenta: rpm (rotações por minuto). Isso é feito tendo como dado básico a velocidade de corte.

A escolha da velocidade de corte correta é importantíssima tanto para a obtenção de bons resultados de usinagem quanto para a manutenção da vida útil da ferramenta e para o grau de acabamento.

11.3 - Força e Potência de Corte

A força de corte é o principal fator no cálculo da potência necessária a usinagem. Depende principalmente:

- material a ser usinado
- das condições efetivas de usinagem
- seção de usinagem
- do processo

A equação fundamental da força de corte (também denominada de equação Kienzle) permite relacionar as constantes do processo de usinagem com o material a ser usinado.

Conceitualmente esta independe do processo de usinagem:

Fc = Ks * A   sendo:
Ks (N/mm2): pressão específica de corte
A: área da seção de corte

A = b*h = ap*f   sendo:
b: comprimento de corte
h: espessura de corte
ap: profundidade de corte
f: avanço

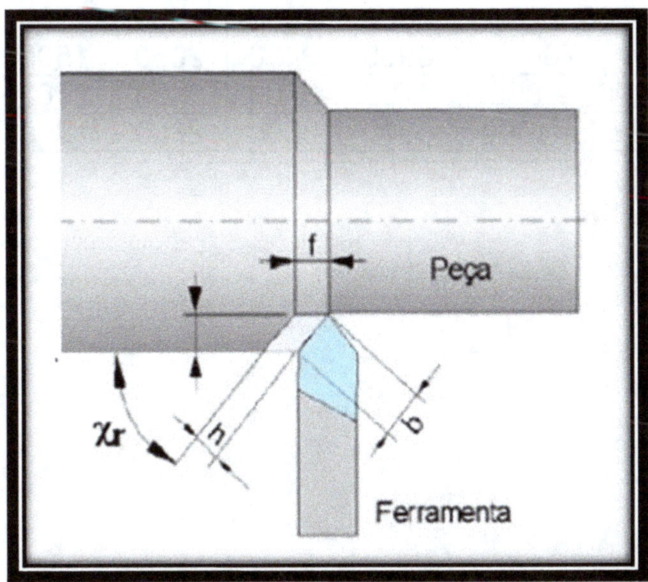

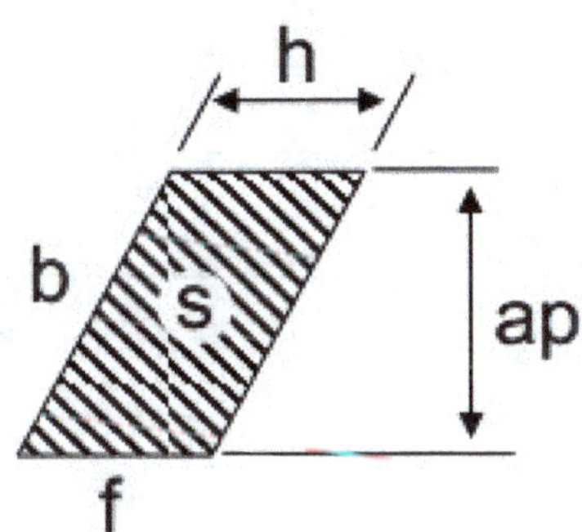

$$b = \frac{ap}{sen(\chi r)} \qquad h = f \cdot sen(\chi r)$$

A partir do cálculo da força de corte e da velocidade de corte, a potência de corte pode ser definida pela equação abaixo:

$$P_C = \frac{F_C \cdot v_C}{60 \cdot 75}$$

sendo: Pc (cv)
Fc (Kgf)
Vc (m/min)

$$P_C = \frac{F_C \cdot v_C}{60000}$$

sendo: Pc (KW)
Fc (N)
Vc (m/min)

Tabela para pressão específica de corte.

Materiais	**σT (N/mm²) (ou dureza)**	**Kc(N/mm²) Avanço em (mm/rot)**			
		0,1	**0,2**	**0,4**	**0,8**
St3411, St3711, St4211 (ABNT 1015 a 1025)	Até 500	3600	2600	1900	1360
St5011 (ABNT 1030 a 1035)	500 a 600	4000	2900	2100	1520
Str6011 (ABNT 1040 a 1045)	600 a 700	4200	3000	2200	1560
St7011 (ABNT 1060)	700 a 850	4400	3150	2300	1640
St85 (ABNT 1095)	850 a 1000	4600	3300	2400	1720
Aço fundido	300 a 350	3200	2300	1700	1240
	500 a 700	3600	2600	1900	1360
	>700	3900	2850	2050	1500
Aço Mn, aços Cr-Ni, aços Cr-Mo e outros aços ligados	700 a 850	4700	3400	2450	1760
	850 a 1000	5000	3600	2600	1850

Anotações:

Capítulo 12

Código G

12.1 - Tabela dos códigos "G" disponíveis no comando SIEMENS

Código G	Descrição
	Grupo 1
G00	Avanço rápido
G01	Movimento linear
G02	Círculo/espiral em sentido horário
G03	Círculo/espiral no sentido anti-horário
G33	Rosqueamento com passo constante
G34	Rosqueamento com passo variável
G77	Ciclo de torneamento longitudinal
G78	Ciclo de rosqueamento
G79	Ciclo de torneamento de superfícies transversais
	Grupo 2
G96	Velocidade de corte constante ativada
G97	Velocidade de corte constante desativada
	Grupo 3
G90	Programação absoluta
G91	Programação incremental
	Grupo 4
G68	Modo de revólver duplo/unidade de avanço dupla ativado
G69	Modo de revólver duplo/unidade de avanço dupla desativado
	Grupo 5
G94	Avanço linear em [mm/min, pol./min]
G95	Avanço por rotação em [mm/rot., pol./rot.]
	Grupo 6
G20	Sistema de dimensões em polegadas
G21	Sistema de dimensões métrico
	Grupo 7
G40	Desativação da compensação do raio da fresa
G41	Compensação à esquerda do contorno
G42	Compensação à direita do contorno
	Grupo 9
G22	Limite da área de trabalho, área de proteção 3 ativada
G23	Limite da área de trabalho, área de proteção 3 desativada

Código G	Descrição
Grupo 10	
G80	Ciclo de furação desativado
G83	Furação profunda em superfícies frontais
G84	Rosqueamento com macho em superfícies frontais
G85	Ciclo de furação em superfícies frontais
G87	Furação profunda em superfícies laterais
G88	Rosqueamento com macho em superfícies laterais
G89	Furação em superfícies laterais
Grupo 11	
G98	Retorno até o ponto de saída para ciclos de furação
G9	Retorno até o ponto R para ciclos de furação
Grupo 12	
G66	Chamada de macro modal
G67	Cancelamento da chamada de macro modal
Grupo 14	
G54	Seleção de deslocamento de ponto zero
G55	Seleção de deslocamento de ponto zero
G56	Seleção de deslocamento de ponto zero
G57	Seleção de deslocamento de ponto zero
G58	Seleção de deslocamento de ponto zero
G59	Seleção de deslocamento de ponto zero
Grupo 18	
G04	Tempo de espera em [s] ou em rotações do fuso
G05	High-speed cycle cutting
G05.1	High-speed cycle -> chamada do CYCLE305
G07.1	Interpolação cilíndrica
G10	Gravação de deslocamento de ponto zero e de corretores de ferramenta
G10.6	Retração rápida ativada/desativada
G27	Controle da aproximação do ponto de referência (em desenvolvimento)
G28	1° aproximação do ponto de referência
G30	2°/3°/4° aproximação do ponto de referência
G30.1	Posição do ponto de referência
G31	Medição com apalpador comutável
G52	Deslocamento de ponto zero programável
G53	Aproximação da posição no sistema de coordenadas da máquina
G60	Posicionamento alinhado
G65	Chamada de macro
G70	Ciclo de acabamento
G71	Ciclo de desbaste no eixo longitudinal
G72	Ciclo de desbaste no eixo transversal
G73	Repetição de contorno

Código G	Descrição
G74	Furação profunda e execução de canais no eixo longitudinal (Z)
G75	Furação profunda e execução de canais no eixo transversal (Z)
G76	Ciclo de rosca de múltiplas entradas
G92	Definição de valor real, limite da rotação do fuso
G92.1	Apagamento de valor real, resetamento do WCS
Grupo 20	
G50.2	Torneamento de polígonos OFF
G51.2	Torneamento de polígonos ON
Grupo 21	
G13.1	TRANSMIT OFF
G12.1	TRANSMIT ON
Grupo 31	
G290	Ativação do modo SIEMENS
G291	Ativação do modo de dialeto ISO

Capítulo 13

Funções Miscelâneas

As funções miscelâneas são programadas para executar operações e recursos da máquina que não são abrangidos pelas funções preparatórias.

Comando M	Descrição	Opcional
M00	Parada de programa	
M01	Parada opcional de programa	
M02	Fim de programa	
M03	Gira eixo árvore no sentido horário	
M04	Gira eixo árvore no sentido anti-horário	
M05	Desliga o eixo árvore	
M07	Liga a refrigeração	X
M08	Liga a refrigeração	
M09	Desliga a refrigeração	
M19	Orienta o eixo árvore - Liga eixo C	
M20	Liga a alimentação da barra	X
M21	Desliga a alimentação da barra	X
M24	Abre placa	X
M25	Fecha placa	X
M26	Recua a manga do cabeçote móvel	X
M27	Avança a manga do cabeçote móvel	X
M30	Fim de programa	
M34	Seleção de pressão 1 para a placa	X
M35	Seleção de pressão 2 para a placa	X
M36	Abre porta automática	X
M37	Fecha porta automática	X
M38	Avança aparador de peças	X
M39	Recua aparador de peças	X
M45	Liga limpeza das proteções	X
M46	Desliga limpeza das proteções	X
M47	Liga transportador de cavacos	X
M48	Desliga transportador de cavacos	X

Comando M	Descrição	Opcional
M49	Troca barra	X
M52	Abre luneta	X
M53	Fecha luneta	X
M78	Liga exaustor de névoa	X
M79	Desliga exaustor de névoa	X
M81	Seleciona prender pelo interno	
M82	Seleciona prender pelo externo	
M83	Habilita giro do eixo-árvore com a placa aberta	

Capítulo 14

Exercícios Propostos

14.1 - Exercícios múltiplas repetições

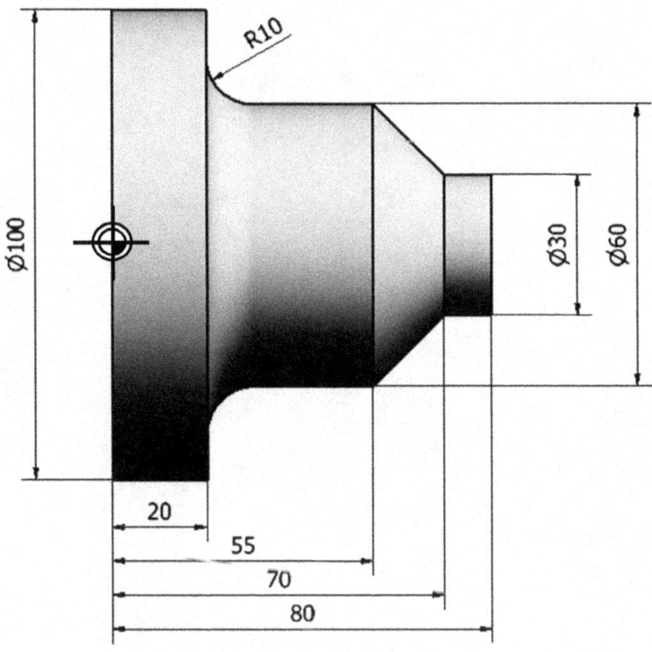

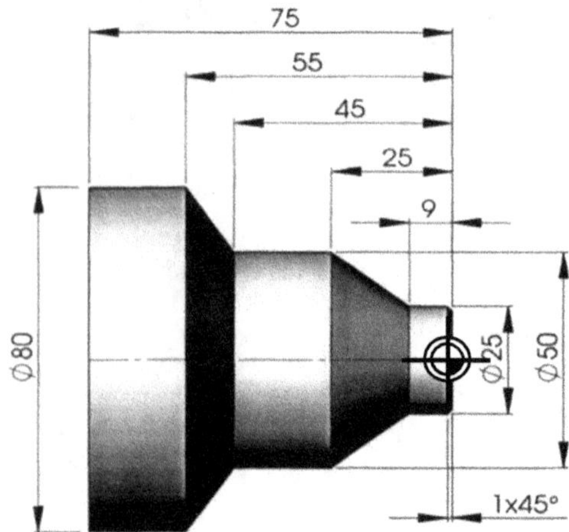
75
55
45
25
9
Ø80
Ø25
Ø50
1x45°

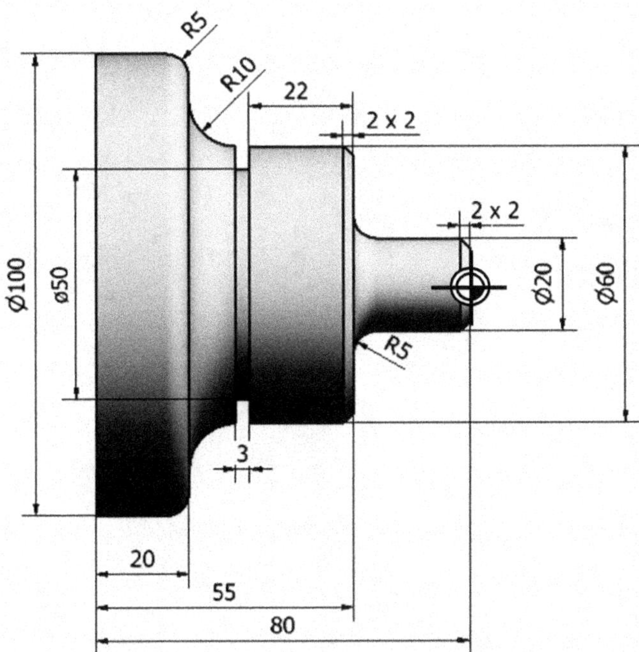
R5
R10
22
2 x 2
2 x 2
Ø100
Ø50
Ø20
Ø60
R5
3
20
55
80

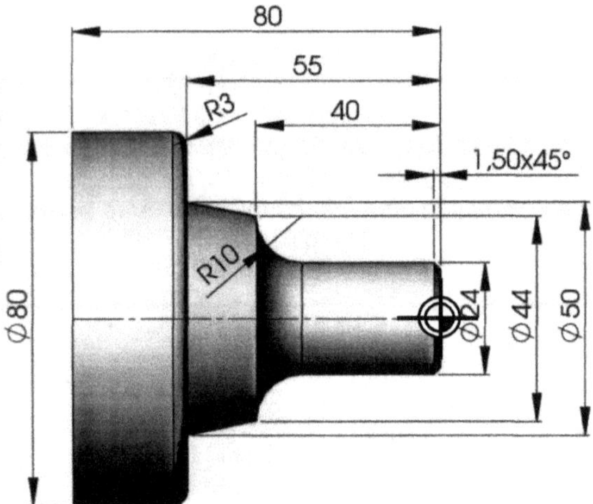
80
55
R3
40
1,50x45°
R10
Ø80
Ø24
Ø44
Ø50

14.2 - Exercícios sobre roscas

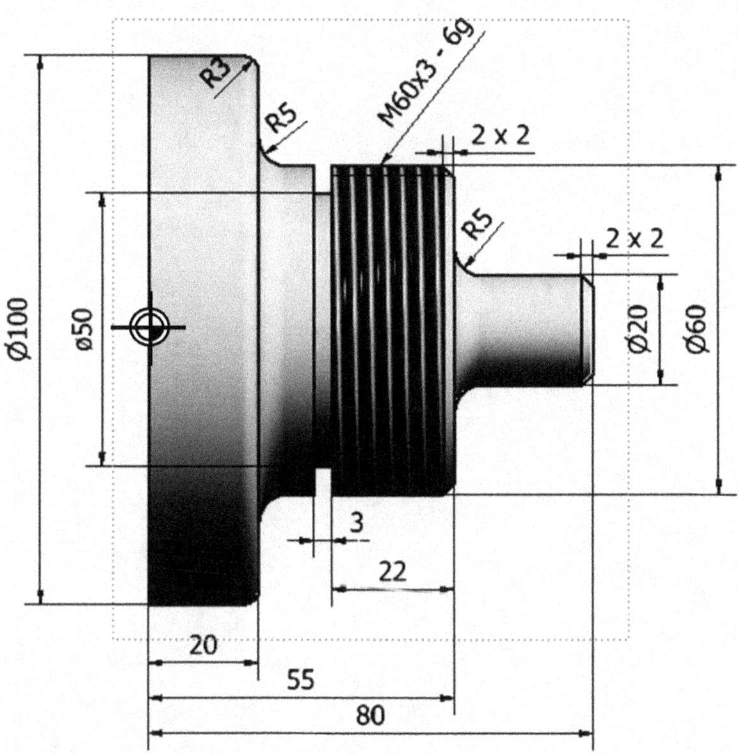

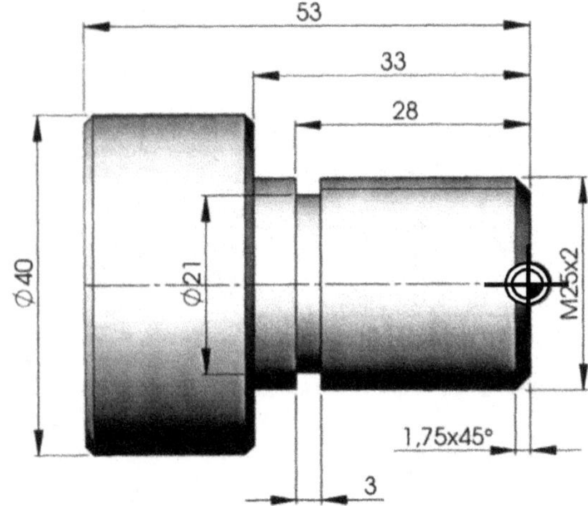
53
33
28
Ø40
Ø21
M25x2
1,75x45°
3

14.3 – Exercícios de canal

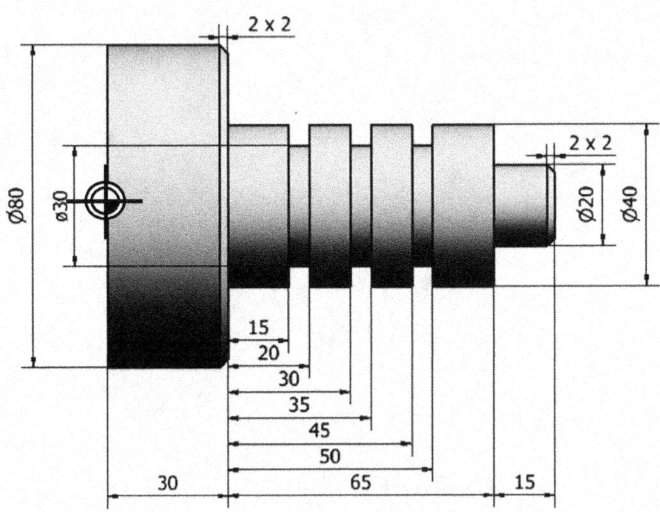

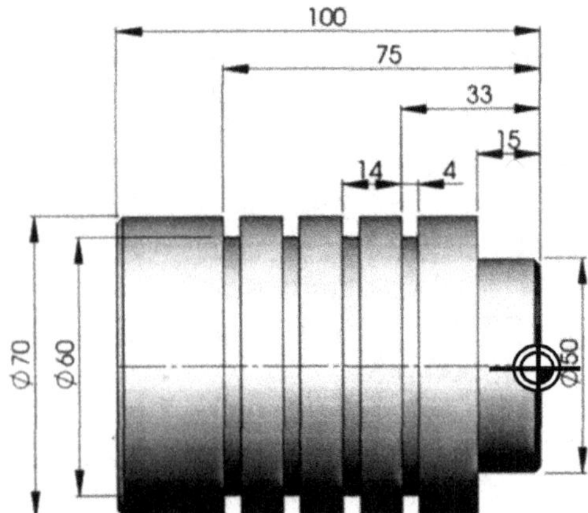
100
75
33
15
14
4
Ø70
Ø60
Ø50

14.4 – Exercícios de usinagem interna

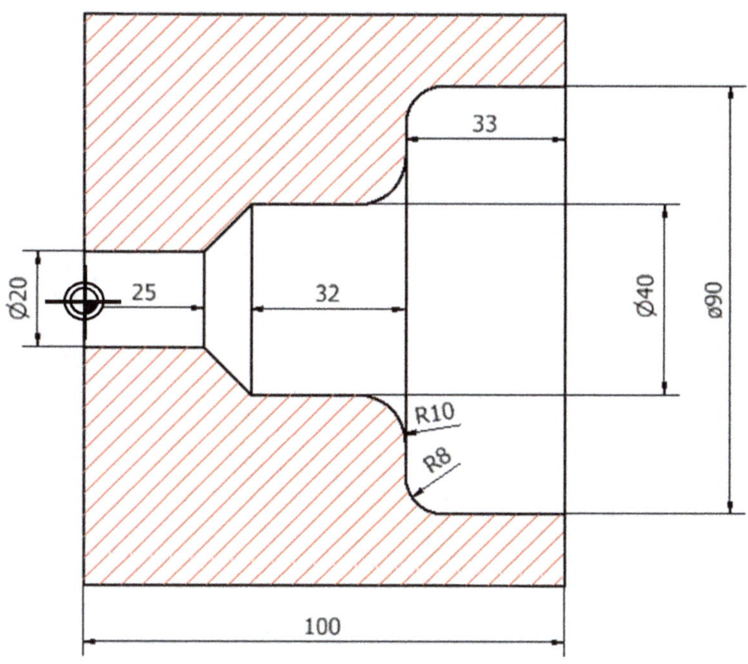

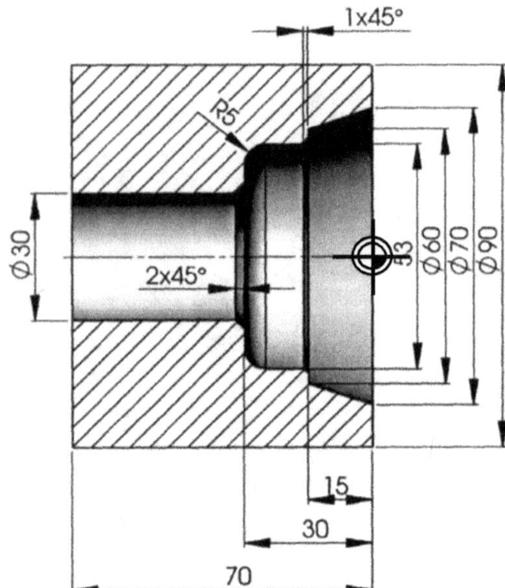
1x45°
R5
Ø30
2x45°
33
Ø60
Ø70
Ø90
15
30
70

14.5 – Exercícios de furação interna e macho

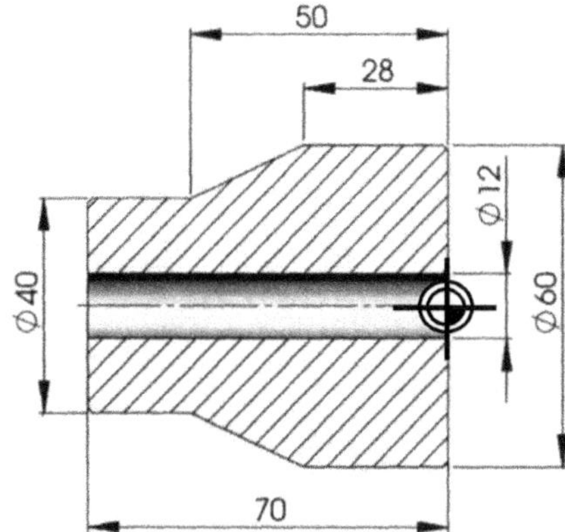

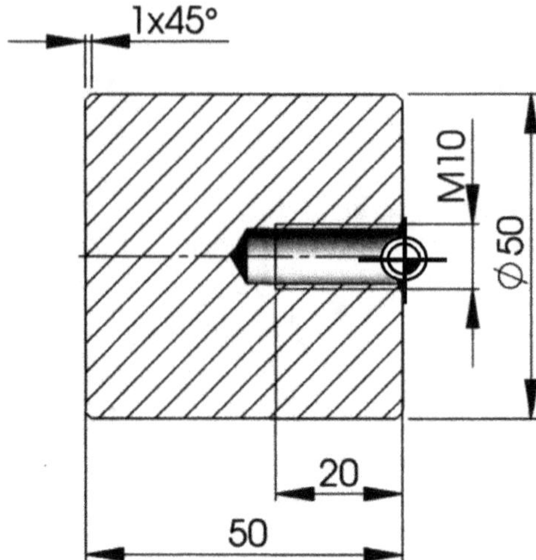
1x45°
M10
Ø 50
20
50

Capítulo 15

Referências Bibliográficas

ROMI. Manual de programação e operação – Centur 30D – SIEMENS 802D.

SIEMENS. Manual de programação e utilização – SINUMERIK 802D sl – Torneamento.

SENAI.SP. Demétrio Kondrasovas e outros. Princípios de automação pneumática, hidráulica e por CNC. São Paulo, 1993. 156p. (Mecânica Geral, 11)

www.ingramcontent.com/pod-product-compliance
Lightning Source LLC
LaVergne TN
LVHW060823170826
845678LV00010B/1879
* 9 7 8 6 5 0 0 8 3 0 4 3 9 *